"十四五"职业教育国家规划教材

"十三五"职业教育国家规划教材
"十二五"职业教育国家规划教材
经全国职业教育教材审定委员会审定
工业机器人应用高技能人才培养系列精品项目化教材

工业机器人现场编程

第2版

主　编　蒋庆斌　陈小艳
参　编　汪　励　陈　强
主　审　王振华

机械工业出版社

本书为"十二五""十三五""十四五"职业教育国家规划教材，围绕工业机器人编程与操作能力培养，从工业机器人应用领域的生产实际出发，以国际主流工业机器人安川电机工业机器人为对象，以工业机器人装配、搬运、CNC 上下料、弧焊和点焊工作站等典型项目为载体，系统介绍典型工作站应用、工作原理、系统参数设定方法、机器人示教编程方法等。全书共 5 个项目，项目设计由浅入深，循序渐进，并且融入了工业机器人应用编程 X 证书初、中、高级要求。每个项目包含 4~5 个工作任务，每个任务包括学习目标、知识准备、任务实施、考核与评价、学习体会及思考与练习等，任务实施有工业机器人技术专业国家教学资源库、工业机器人企业生产实际案例库等资源支撑，通过二维码扫描即可观看课程中的相关知识点，不受时间、空间限制，从而激发学生主动学习，提高学习效率。工作任务的完成基于工作过程，注重学生职业能力、职业素养、团队协作等综合素质的培养。

本书既适合作为高等职业院校工业机器人技术、电气自动化技术、智能控制技术等相关专业教材和机电类专业学生实践选修课教材，也可用于工业机器人应用领域 X 证书培训参考教材，还可供工业机器人现场编程和系统开发的工程技术人员参考。

为方便教学，本书配有免费电子课件、模拟试卷及答案等，凡选用本书作为授课教材的教师，均可登录机械工业出版社教育服务网（http://www.cmpedu.com）注册后免费下载。咨询电话：010-88379375。

图书在版编目（CIP）数据

工业机器人现场编程/蒋庆斌，陈小艳主编. —2 版. —北京：机械工业出版社，2019.9（2025.4 重印）

"十二五"职业教育国家规划教材　工业机器人应用高技能人才培养系列精品项目化教材

ISBN 978-7-111-63915-2

Ⅰ. ①工… Ⅱ. ①蒋…②陈… Ⅲ. ①工业机器人-程序设计-高等职业教育-教材 Ⅳ. ①TP242.2

中国版本图书馆 CIP 数据核字（2019）第 214586 号

机械工业出版社（北京市百万庄大街 22 号　邮政编码 100037）
策划编辑：于　宁　责任编辑：于　宁
责任校对：张玉琴　封面设计：陈　沛
责任印制：张　博
北京雁林吉兆印刷有限公司印刷
2025 年 4 月第 2 版第 8 次印刷
184mm×260mm·14.75 印张·362 千字
标准书号：ISBN 978-7-111-63915-2
定价：45.00 元

电话服务　　　　　　　　　　网络服务
客服电话：010-88361066　　　机　工　官　网：www.cmpbook.com
　　　　　010-88379833　　　机　工　官　博：weibo.com/cmp1952
　　　　　010-68326294　　　金　书　网：www.golden-book.com
封底无防伪标均为盗版　机工教育服务网：www.cmpedu.com

关于"十四五"职业教育
国家规划教材的出版说明

为贯彻落实《中共中央关于认真学习宣传贯彻党的二十大精神的决定》《习近平新时代中国特色社会主义思想进课程教材指南》《职业院校教材管理办法》等文件精神，机械工业出版社与教材编写团队一道，认真执行思政内容进教材、进课堂、进头脑要求，尊重教育规律，遵循学科特点，对教材内容进行了更新，着力落实以下要求：

1. 提升教材铸魂育人功能，培育、践行社会主义核心价值观，教育引导学生树立共产主义远大理想和中国特色社会主义共同理想，坚定"四个自信"，厚植爱国主义情怀，把爱国情、强国志、报国行自觉融入建设社会主义现代化强国、实现中华民族伟大复兴的奋斗之中。同时，弘扬中华优秀传统文化，深入开展宪法法治教育。

2. 注重科学思维方法训练和科学伦理教育，培养学生探索未知、追求真理、勇攀科学高峰的责任感和使命感；强化学生工程伦理教育，培养学生精益求精的大国工匠精神，激发学生科技报国的家国情怀和使命担当。加快构建中国特色哲学社会科学学科体系、学术体系、话语体系。帮助学生了解相关专业和行业领域的国家战略、法律法规和相关政策，引导学生深入社会实践、关注现实问题，培育学生经世济民、诚信服务、德法兼修的职业素养。

3. 教育引导学生深刻理解并自觉实践各行业的职业精神、职业规范，增强职业责任感，培养遵纪守法、爱岗敬业、无私奉献、诚实守信、公道办事、开拓创新的职业品格和行为习惯。

在此基础上，及时更新教材知识内容，体现产业发展的新技术、新工艺、新规范、新标准。加强教材数字化建设，丰富配套资源，形成可听、可视、可练、可互动的融媒体教材。

教材建设需要各方的共同努力，也欢迎相关教材使用院校的师生及时反馈意见和建议，我们将认真组织力量进行研究，在后续重印及再版时吸纳改进，不断推动高质量教材出版。

机械工业出版社

前言

目前,中国正处于产业转型升级的关键时期,工业机器人作为先进制造业中不可替代的重要装备,已经成为衡量一个国家制造水平和科技水平的重要标志。根据《＜中国制造2025＞重点领域技术路线图》,到 2020 年工业机器人销量将达到 15 万台,保有量将达到 80 万台;到 2025 年工业机器人销量将达到 26 万台,保有量将达到 180 万台;到 2030 年工业机器人销量将达到 40 万台,保有量将达到 350 万台。2020 年中国工业机器人销量达到 16.97 万台,年销量已经连续 8 年位居世界首位,成为全球第一大工业机器人应用市场。

工业机器人已在越来越多的领域得到了广泛应用。在制造业中,工业机器人在毛坯制造、机械加工、焊接、热处理、表面涂覆、上下料、装配、检测及仓库堆垛等领域将逐步取代人工作业。机器人产业的快速发展迫切需要工业机器人应用领域技术技能型人才,职业院校也纷纷开设工业机器人专业,2021 年,全国高职院校工业机器人技术专业的布点数量已达到 755 个。工业机器人编程和操作能力是工业机器人应用领域的关键能力之一,该能力的培养需要内容先进、结构科学、配套资源丰富、能体现职业教育教学特征的教材来支撑。

为贯彻党的二十大精神,加强教材建设,本书围绕工业机器人编程与操作能力培养,从工业机器人应用领域的生产实际出发,在结构上,以工业机器人装配、搬运、CNC 上下料、弧焊和点焊工作站等典型项目为载体;在内容安排上,以任务为驱动,按照学习目标、知识准备、任务实施、考核与评价、学习体会及思考与练习顺序展开,并将立德树人融入其中;在新技术应用上,将工业机器人应用编程 X 证书初、中、高级要求纳入教学内容,有利于推进"书证融通";在配套资源上,以工业机器人技术专业国家教学资源库、工业机器人企业生产实际案例库为支撑;在教学过程设计上,以典型工作站应用、工作原理、系统参数设定方法、机器人示教编程方法为顺序。教材整体设计为职业院校开展理实一体化教学方法实施奠定了基础。

本书是由工业机器人应用编程 X 证书开发专家团队编写,常州机电职业技术学院、江苏汇博机器人技术股份有限公司等校企联合开发。蒋庆斌、陈小艳担任主编,江苏汇博机器人技术股份有限公司王振华担任主审。参加编写的有蒋庆斌(项目一、项目四任务一和任务二)、陈小艳(项目二、项目四任务三和任务四、项目五任务一和任务二)、汪励(项目三、附录)、江苏汇博机器人技术股份有限公司陈强(项目五任务三和任务四),安川电机(中国)有限公司的刘锐、北京电子科技职业学院的管小清、上海 ABB 工程有限公司的叶晖分别参与了搬运工作站、弧焊工作站和装配工作站的项目设计。

在编写过程中,编者参阅了国内外相关资料,在此向原作者表示衷心感谢!由于工业机器人技术发展迅速,加之编者水平有限,书中不妥之处在所难免,恳请读者批评指正。

编者

目录

前言
项目一　工业机器人装配工作站现场编程 ……… 1
　学习目标 ……… 1
　工作任务 ……… 1
　任务一　认识装配工作站 ……… 1
　任务二　启动停止机器人 ……… 10
　任务三　认识示教编程器 ……… 18
　任务四　设定装配工作站坐标 ……… 30
　任务五　示教装配工作站程序 ……… 39
　考核与评价 ……… 46
　学习体会 ……… 48
　思考与练习 ……… 48

项目二　工业机器人 CNC 上下料工作站现场编程 ……… 49
　学习目标 ……… 49
　工作任务 ……… 49
　任务一　认识 CNC 上下料工作站 ……… 49
　任务二　建立 CNC 上下料工作站程序 ……… 57
　任务三　设定 CNC 上下料用户坐标系 ……… 64
　任务四　示教 CNC 上下料工作站程序 ……… 70
　考核与评价 ……… 77
　学习体会 ……… 79
　思考与练习 ……… 79

项目三　工业机器人搬运工作站现场编程 ……… 80
　学习目标 ……… 80
　工作任务 ……… 80
　任务一　认识搬运工作站 ……… 80
　任务二　设定搬运工具 ……… 90
　任务三　示教搬运工作站程序 ……… 99
　任务四　备份搬运工作站程序 ……… 114
　考核与评价 ……… 124
　学习体会 ……… 126
　思考与练习 ……… 127

项目四　工业机器人弧焊工作站现场编程 ……… 128
　学习目标 ……… 128
　工作任务 ……… 128
　任务一　认识弧焊工作原理 ……… 128
　任务二　认识弧焊工作站 ……… 136
　任务三　使用弧焊命令 ……… 144
　任务四　示教弧焊工作站程序 ……… 159
　考核与评价 ……… 167
　学习体会 ……… 170
　思考与练习 ……… 170

项目五　工业机器人点焊工作站现场编程 ……… 171
　学习目标 ……… 171
　工作任务 ……… 171
　任务一　认识点焊工作原理 ……… 171
　任务二　认识点焊工作站 ……… 179
　任务三　使用点焊命令 ……… 188
　任务四　示教点焊工作站程序 ……… 203
　考核与评价 ……… 209
　学习体会 ……… 211
　思考与练习 ……… 212

附录 ……… 213
　附录 A　DX100 基本命令一览 ……… 213
　附录 B　DX100 I/O 定义、接线图 ……… 227

项目一 工业机器人装配工作站现场编程

本项目以工业机器人装配工作站为例,系统地介绍了工业机器人工作站的基本构成、机器人操作注意事项、机器人手动操作方法及坐标系等概念,使学生能正确地操作机器人,并对机器人进行简单的示教。

【学习目标】

知识目标:
1) 熟悉工业机器人的基本应用。
2) 熟悉工业机器人装配工作站的基本构成。
3) 熟悉 DX100 示教器的结构、操作界面及按键功能。
4) 熟悉工业机器人坐标系的相关知识。
5) 熟悉机器人安全操作的相关知识。

能力目标:
1) 能根据装配对象选择相应型号机器人。
2) 能根据示教要求,选择相应坐标系。
3) 能手工操作机器人,使机器人快速准确到达目标点。
4) 能对机器人进行基本示教。

【工作任务】

任务一　认识装配工作站
任务二　启动停止机器人
任务三　认识示教编程器
任务四　设定装配工作站坐标
任务五　示教装配工作站程序

任务一　认识装配工作站

本任务以装配工作站为载体,介绍工业机器人基本工作站系统的构成、工业机器人的性能参数等,使学生对工业机器人工作站有基本的认识。

【知识准备】

一、工业机器人基本知识

1. 工业机器人的产生和发展

工业机器人一般指的是在工厂车间环境中，配合自动化生产的需要，代替人来完成材料的搬运、加工、装配等操作的一种机器人。能代替人完成搬运、加工、装配功能的工作可以是各种专用的自动机器，但是使用机器人则是为了利用它的柔性自动化功能，以达到最高的技术经济效益。有关工业机器人的定义有许多不同说法，从中可以对工业机器人的主功能有更深入的了解。

1）美国机器协会（RIA）：机器人是"一种用于移动各种材料、零件、工具或专用装置的，通过程序动作来执行各种任务，并具有编程能力的多功能操作机（manipulator）"。

2）日本工业机器人协会：工业机器人是"一种装备有记忆装置和末端执行装置的、能够完成各种移动来代替人类劳动的通用机器"。它又分以下两种情况来定义：

① 工业机器人是"一种能够执行与人的上肢类似动作的多功能机器"。

② 智能机器人是"一种具有感觉和识别能力，并能够控制自身行为的机器"。

3）国际标准化组织（ISO）："机器人是一种自动的、位置可控的、具有编程能力的多功能操作机。这种操作机具有几个轴，能够借助可编程操作来处理各种材料、零件、工具和专用装置，以执行各种任务"。

4）国际机器人联合会（IFR）："工业机器人（manipulating industrial robot）是一种自动控制的、可重复编程的（至少具有三个可重复编程轴）、具有多种用途的操作机"（ISO 8373）。

以上定义的工业机器人实际上均指操作型工业机器人。为了达到其功能要求，工业机器人的功能组成中应该有以下部分：

1）为了完成作业要求，工业机器人应该具有操作末端执行器的能力，并能正确控制其空间位置、工作姿态及运动程序和轨迹。

2）能理解和接受操作指令，并把这种信息化了的指令记忆、存储，并通过其操作臂各关节的相应运动复现出来。

3）能和末端执行器（如夹持器或其他操作工具）及其他周边设备（加工设备、工位器具等）协调工作。

工业机器人的发展可以追溯到60年前的遥控机械手和数控机床的研究开发。遥控机械手是一种允许操作人员在一定距离外通过遥控完成某一任务的装置。20世纪40年代，为处理放射性材料，美国开始研制主从遥控机械手。操作者和被处理的放射性材料用一混凝土墙隔开，墙上有几个观察窗。在墙外的遥控机械手的"主手"由操作者操作，遥控机械手的"从手"在墙内对放射性材料进行操作。主手和从手之间用钢丝绳传动，进行运动连接，实现机械耦合。后来机械耦合的主从机械手的动作加入了力反馈，使操作者能够感受到从手与被操作物之间的力作用。不久，遥控机械手的机械耦合被电动和液压装置所取代。这种机械手是用机械或电动方式在主从手之间传递信息的。

与此同时，出于高效研制和生产新型军用飞机的需要，美国空军发起了对数控铣床的研制。这项研究工作在于把成熟的伺服技术与当时新发展起来的数字计算机结合起来。麻省理工学院（MIT）辐射实验室于1953年研制出这样的机器。

20世纪50年代中期，乔治C.德沃尔提出了机械手伺服轴技术和数控编程技术结合的"可编程的关节式传送装置"，并获得专利。操作者控制这个装置沿一系列点运动，这些点的位置以数字形式存储起来，然后在再运行中可以再现出位置。这种把运动命令数字化、信息化是对前述机械设计方式的一场革命。在这一专利技术的基础上,德沃尔和约瑟夫 F. 恩格尔伯格进行了更加深入的研究开发工作,从而产生了美国 Unimation 公司于 1959 年推出的第一台工业机器人。

20 世纪 70 年代,出现了更多的机器人商品,并在工业生产中逐步推广应用,这反过来又推动了机器人技术的发展。20 世纪 80 年代起,在主要工业国家,工业机器人已成为一种相对成熟的技术。工业机器人产品在工业中开始普及应用,最早的关节机器人如图 1-1 所示。

2. 工业机器人的分类

工业机器人由主体、驱动系统和控制系统三个基本部分组成。主体即机座和执行机构,包括臂部、腕部和手部,有的机器人还有行走机构。大多数工业机器人有 3~6 个运动自由度,其中腕部通常有 1~3 个运动自由度;驱动系统包括动力装置和传动机构,用以使执行机构产生相应的动作;控制系统是按照输入的程序对驱动系统和执行机构发出指令信号,并进行控制。

工业机器人按臂部的运动形式分为四种,如图 1-2 所示。关节型的臂部有多个转动关节,如图 1-2a 所示;球坐标型的臂部能回转、俯仰和伸缩,如图 1-2b 所示;圆柱坐标型的臂部可做升降、回转和伸缩动作,如图 1-2c 所示;直角坐标型的臂部可沿三个直角坐标移动,如图 1-2d 所示。

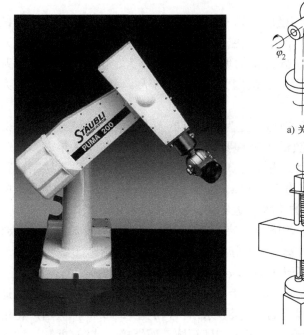

图 1-1 最早的关节机器人

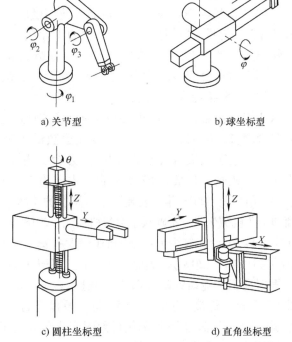

a) 关节型　　　　　　b) 球坐标型

c) 圆柱坐标型　　　　d) 直角坐标型

图 1-2 工业机器人的类型

工业机器人按执行机构运动的控制机能,又可分为点位型和连续轨迹型。点位型只控制执行工业机器人机构由一点到另一点的准确定位,适用于机床上下料、点焊和一般搬运、装卸等作业；连续轨迹型可控制执行机构按给定轨迹运动，适用于连续焊接和涂装等作业。

工业机器人按程序输入方式区分有编程输入型和示教输入型两类。编程输入型是将计算机上已编好的作业程序文件，通过 RS232 串口或者以太网等通信方式传送到机器人控制柜。

示教输入型的示教方法有两种：一种是由操作者用手动控制器（示教操纵盒），将指令信号传给驱动系统，使执行机构按要求的动作顺序和运动轨迹操演一遍；另一种是由操作者直接领动执行机构，按要求的动作顺序和运动轨迹操演一遍。在示教过程的同时，工作程序的信息即自动存入程序存储器中，在机器人自动工作时，控制系统从程序存储器中检出相应信息，将指令信号传给驱动机构，使执行机构再现示教的各种动作。示教输入程序的工业机器人称为示教再现型工业机器人。

具有触觉、力觉或简单的视觉的工业机器人，能在较为复杂的环境下工作；如具有识别功能或更进一步增加自适应、自学习功能，即成为智能型工业机器人。它能按照人给的"宏指令"自选或自编程序去适应环境，并自动完成更为复杂的工作。

3. 工业机器人的应用

自从 20 世纪 60 年代初人类创造了第一台工业机器人以后，机器人就显示出它旺盛的生命力，在短短 40 多年的时间中，机器人技术得到了迅速的发展，工业机器人已在工业发达国家的生产中得到了广泛的应用。目前，工业机器人已广泛应用于汽车及汽车零部件制造业、机械加工行业、电子电气行业、橡胶及塑料工业、食品工业、木材与家具制造业等领域中。在工业生产中，弧焊机器人、点焊机器人、分配机器人、装配机器人、喷漆机器人及搬运机器人等工业机器人都已被大量采用。

2019 年世界制造行业的工业机器人使用密度达到 113 台/万人（每万名工人使用工业机器人数量）。按照地域划分，欧洲平均的工业机器人密度为 114 台/万人，美洲为 103 台/万人，亚洲为 118 台/万人。按照国家进行划分，新加坡为 918 台/万人，韩国为 855 台/万人、日本为 364 台/万人、德国为 346 台/万人、美国为 228 台/万人、中国为 198 台/万人等，相比 2018 年均有所提高。

从应用行业看，汽车以及电气电子设备制造行业为工业机器人主要应用领域。据国际机器人联合会统计数据显示，汽车行业在运数量仍为首要应用领域，截至到 2019 年末，全球汽车行业在运工业机器人数量为 92.3 万台，占比为 33.91%；电气电子设备和器材制造行业在运工业机器人数量为 67.2 万台，占比为 24.69%。金属和机械工业已成为工业机器人的第三大应用行业。2018 年，安装量占总需求的 10%。近年来，金属制品（不含汽车零部件）生产商和工业机械生产商都购买了大量机器人。2018 年，装机量增至约 43500 台，较 2017 年创纪录的年份（44191 台）减少 1%。该行业最大的安装市场分布在芬兰（44%）、瑞典（42%）、瑞士（40%）、比利时（30%）、奥地利（27%）、意大利（26%）和丹麦（21%）。

根据高工产业研究院（GGII）数据显示，2019 年中国工业机器人应用场景集中在搬运作业/上下料、焊接、喷涂、装配/拆卸及抛光打磨等领域，合计占比 93.82%。从国产化情况来看，搬运作业/上下料仍是目前国产化最高的工艺应用领域，而焊接、装配/拆卸、抛光打磨等领域国产化程度仍偏低。

随着科学与技术的发展，工业机器人的应用领域也不断扩大。目前，工业机器人不仅应用于传统制造业如采矿、冶金、石油、化学、船舶等领域，同时也已开始扩大到核能、航空、航天、医药、生化等高科技领域以及家庭清洁、医疗康复等服务业领域中。如，水下机器人、抛光机器人、打毛刺机器人、擦玻璃机器人、高压线作业机器人、服装裁剪机器人、制衣机器人、管道机器人等特种机器人以及扫雷机器人、作战机器人、侦察机器人、哨兵机器人、排雷机器人、布雷机器人等军用机器人都广泛应用于各行各业。而且，随着人类生活水平的提高及文化生活的日益丰富多彩，未来各种专业服务机器人和家庭用消费机器人将不断贴近人类生活，其市场将繁荣兴旺。

二、安川电机 MH6 机器人

安川电机 MH6 机器人是由日本安川电机公司（YASKAWA）开发的用于工业使用的机器人，它广泛应用于浇铸、焊接、涂胶、取放、水刀切割、灌注、堆叠等工业领域。它拥有 6 个自由度，使用高精度伺服电动机，在一定工作范围中可以像人的手臂一样灵活、准确地运动。它拥有 40 个通用 I/O 接口，单个机器人可同时与多个外部设备配套，同时也可以多个机器人共同协作运动，高效而准确地完成各种复杂的工序，极大地提高工业生产的效率和精度。

安川电机 MH6 机器人结构如图 1-3 所示，发货时装箱内容如图 1-4 所示。

图 1-3 MH6 机器人本体　　　　　图 1-4 MH6 机器人装箱内容

安川电机 MH6 机器人主要技术参数如表 1-1 所示。

表 1-1 安川电机 MH6 机器人主要技术参数

项目名称		项目参数
用途		弧焊
机构形态		垂直多关节型
自由度		6
可搬重量		6kg
重复定位精度		±0.08mm
动作范围	S 轴（回转）	±170°
	L 轴（下臂）	+155°、-90°

(续)

项目名称		项目参数
动作范围	U 轴（上臂）	+250°、-175°
	R 轴（手腕回转）	±180°
	B 轴（手臂摆动）	+225°、-45°
	T 轴（手臂回转）	±360°
最大速度	S 轴	3.84 rad/s、220°/s
	L 轴	3.49 rad/s、200°/s
	U 轴	3.84 rad/s、220°/s
	R 轴	7.16 rad/s、410°/s
	B 轴	7.16 rad/s、410°/s
	T 轴	10.65 rad/s、610°/s
允许扭矩	R 轴	11.8N·m (1.2 kgf·m)
	B 轴	9.8N·m (1.0 kgf·m)
	T 轴	5.9 N·m (0.6 kgf·m)
允许惯性矩（GD2/4）	R 轴	0.27kg·m^2
	B 轴	0.27kg·m^2
	T 轴	0.06 kg·m^2
本体质量		130kg
设置环境	温度	0~45℃
	湿度	20~800% RH（不结露）
	振动加速度	4.9m/s^2（0.5g）以下
	其他	●避免易燃、腐蚀性气体、液体 ●勿溅水、油、粉尘等
电源容量		1.5kVA

三、工业机器人装配工作站

装配机器人是工业生产中用于装配生产线上对零件或部件进行装配的工业机器人。它属于高、精、尖的机电一体化产品，它是集光学、机械、微电子、自动控制和通信技术于一体的高科技产品，具有很高的功能和附加值。

装配机器人由主体、驱动系统和控制系统三个基本部分组成。主体即机座和执行机构，包括臂部、腕部和手部。大多数装配机器人有3~6个运动自由度，其中腕部通常有1~3个运动自由度；驱动系统包括动力装置和传动机构，用于使执行机构产生相应的动作；控制系统是按照输入的程序对驱动系统和执行机构发出指令信号，并进行控制。

1. 机器人装配系统主要组成

（1）装配机器人（装配单元、装配线） 水平多关节型机器人是装配机器人的典型代表。它共有4个自由度：两个回转关节、上下移动以及手腕的转动。最近开始在一些机器人上装配各种可换手，以增加通用性。手爪主要有电动手爪和气动手爪两种形式：气动手爪相对来说比较简单，价格便宜，因而在一些要求不太高的场合用得比较多。电动手爪造价比较高，主要用在一些特殊场合。

带有传感器的装配机器人可以更好地顺应对象物进行柔软的操作。装配机器人经常使用的传感器有视觉传感器、触觉传感器、接近传感器和力传感器等。视觉传感器主要用于零件或工件的位置补偿，零件的判别、确认等。触觉和接近传感器一般固定在指端，用来补偿零件或工件的位置误差，防止碰撞等。力传感器一般装在碗部，用来检测腕部受力情况，一般在精密装配或去飞边一类需要力控制的作业中使用。

（2）装配机器人的周边设备　机器人进行装配作业时，除机器人主机、手爪、传感器外，零件供给装置和工件搬运装置也至为重要。无论从投资额的角度还是从安装占地面积的角度，它们往往比机器人主机所占的比例大。周边设备常用可编程序控制器控制，此外一般还要有台架和安全栏等设备。

1）零件供给装置。零件供给装置主要有给料器和托盘等。

给料器是用振动或回转机构把零件排齐，并逐个送到指定位置。

大零件或者容易磕碰划伤的零件加工完毕后一般应放在称为"托盘"的容器中运输，托盘装置能按一定精度要求把零件放在给定的位置，然后再由机器人一个一个取出。

2）输送装置。在机器人装配线上，输送装置承担把工件搬运到各作业地点的任务，输送装置中以传送带居多。输送装置的技术问题是停止精度、停止时的冲击和减速振动。减速器可用来吸收冲击能。

2. 工业机器人装配工作站实训系统

图 1-5　工业机器人装配工作站系统结构图

工业机器人装配实训系统由安川机器人系统、机器人安装底座、输送线系统、零件供给系统和料库等构成，整体结构如图 1-5 所示。

（1）安川电机 MH6 工业机器人　安川电机 MH6 机器人是通用机器人，既可以用于装配又可以用于搬运。在这里机器人的主要功能是把转盘上的零件抓取后，与传送带上工件托盘上的工件进行装配，然后再将装配好的部件搬运到料库中。

安川电机 MH6 机器人包括 MOTOMAN MH6 机器人、DX100 控制柜以及 DX100 示教编程器。

根据工件装配要求需要在 MOTOMAN MH6 机器人本体上安装电磁阀、气爪等，如图 1-6 所示。DX100 控制柜及 DX100 示教编程器如图 1-7 所示。DX100 控制柜通过供电电缆和编码器电缆和机器人连接。

（2）输送线系统　输送线系统的主要

图 1-6　MOTOMAN MH6 机器人全貌图

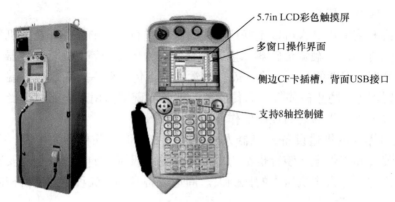

图 1-7　DX100 控制柜以及 DX100 示教编程器

功能是把托盘上的工件传送到各工位以便对托盘上的工件进行加工处理、视觉检测等。输送线系统部分结构如图 1-8 所示。

（3）立体仓库　立体仓库用于存储工件，立体仓库如图 1-9 所示。立体仓库有两行四列共 8 位存储单元，每个存储单元配置一个光电传感器用于检测有无工件。

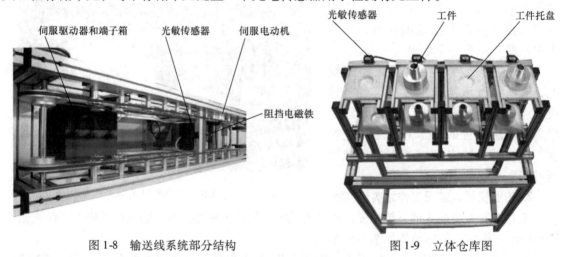

图 1-8　输送线系统部分结构　　　　图 1-9　立体仓库图

（4）转盘　转盘用来放置用于装配的零件，其结构如图 1-10 所示。

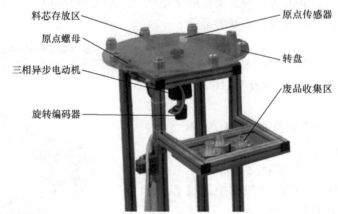

图 1-10　转盘结构图

【任务实施】

任务书 1-1

姓名		任务名称	认识装配工作站
指导教师		同组人员	
计划用时		实施地点	工业机器人仿真实训室
时间		备注	
任务内容			
1. 认识工业机器人的发展历史 2. 认识工业机器人的定义及应用 3. 认识 MH6 工业机器人基本性能参数 4. 认识工业机器人装配工作站的基本构成 5. 认识工业机器人装配工作站各组成部分功能			
考核项目	描述工业机器人基本定义		
	通过网络查询工业机器人应用相关资料		
	到安川电机公司网站，查询 MH6 相关技术资料		
	使用 PPT 汇报工业机器人典型系统应用		
资料		工具	设备
工业机器人安全操作规程		常用工具	工业机器人装配工作站
MH6 使用说明书			
工业机器人装配工作站说明书			

任务完成报告 1-1

姓名		任务名称	认识装配工作站
班级		小组成员	
完成日期		分工内容	

1. 根据自己理解，简述工业机器人的定义。

2. 通过网络，查询我国工业机器人发展历史及取得的成就。

(续)

3. 试写出安川电机公司与MH6相近且适用于装配作业的工业机器人型号及特点。

4. 试描述工业机器人装配工作站构成及各部分功能。

任务二　启动停止机器人

工业机器人是在生产现场使用的设备，在工作过程中需要遵守各项安全操作事项，才能确保其顺利运行。

【知识准备】

一、工业机器人的使用注意事项

1. 注意事项

工业机器人在空间动作，其动作领域的空间成为危险场所，有可能发生意外的事故。因此，机器人的安全管理者及从事安装、操作、保养的人员在操作机器人或工业机器人运行期间要保持安全第一，在确保自己自身的安全及相关人员及其他人员的安全后进行操作。

有些国家已经颁布了工业机器人安全法规和相应的操作规程，只有经过专门培训的人员才能操作使用工业机器人。每个机器人的生产厂家在用户使用手册中提供了设备的使用注意事项。操作人员在使用MOTOMAN机器人时需要注意以下事项，此事项也可作为其他工业机器人安全操作使用的参考：

1）避免在工业机器人工作场所周围做出危险行为，接触机器人或周边机械有可能造成人员伤害。

2）在工厂内，为了确保安全，请严格遵守"严禁烟火"、"高电压"、"危险"、"无关人员禁止入内"此类标示。由于火灾、触电、接触有可能发生人员伤害。

3）作为防止危险手段，着装也请遵守以下事项：
- 请穿工作服。
- 操作工业机器人时，请不要戴手套。

- 内衣、衬衫、领带不要露在工作服外面。
- 不要佩戴特大耳环、挂饰等。
- 必须穿好安全鞋，戴好安全帽等。
- 不合适的衣服有可能导致人员伤害。

4）工业机器人安装的场所除操作人员以外"不许靠近""不能靠近"，并严格遵守。

5）和机器人控制柜、操作盘、工件及其他的夹具等接触，有可能发生人员伤害。

6）不要强制扳动、悬吊、骑坐在机器人上，以免发生人员伤害或者设备损坏。

7）绝对不要倚靠在工业机器人或其他控制柜上，不要随意按动开关或者按钮，否则发生意想不到的动作，造成人员伤害或者设备损坏。一些禁止的动作如图1-11所示。

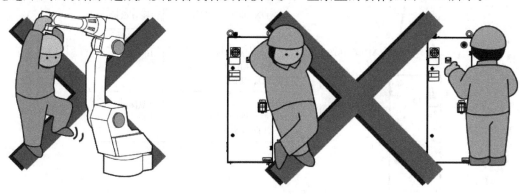

图1-11 机器人旁的禁止动作

8）通电中，禁止未受培训的人员触摸机器人控制柜和示教编程器。机器人会发生意想不到的动作，有可能导致人员伤害或者设备损坏。

2. 安全配线的安全注意事项

安装及配线的详细要求请参考MOTOMAN-□□□机器人使用说明书及DX100使用说明书。安装、配线、配管时，要考虑到不要被"夹住"或者是"绊倒"，另外为了安全运行，MOTOMAN机器人和夹具等都要便于操作、查看。

选择一个区域安装机器人，确认此区域足够大，并确保装有工具的机器人转动时不会碰到墙、安全栏或者控制柜。否则有可能因和机器人接触，出现人员伤害或者设备损坏。机器人安装位置示意如图1-12所示。

接地工程要遵守电气设备标准及内线规章制度，否则会有触电、火灾的危险。

原则上机器人的搬运需要使用天车，使用运输固定夹具或者安装在本体上的吊环，用2根吊绳吊起。在此时，运输机器人时，务必

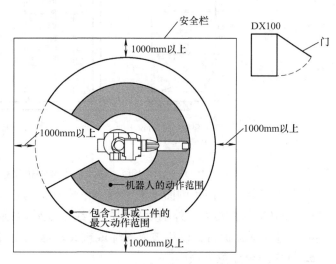

图1-12 机器人安装位置示意

用固定夹具固定,按照在各种使用说明书中记载的出货姿势吊起。吊车、吊具或者叉车应该由授权的人员进行操作。运输中,由于机器人的翻倒有可能出现人员伤害或者设备损坏,也应该注意。

DX100 的搬运原则上也使用天车。搬运中由于 DX100 掉下或翻倒,有可能造成人员伤害或者设备损毁,因此搬运前应确认 DX100 的重量,选择适合的吊绳,如图 1-13 所示。安装前,临时放置时一定要把控制柜放稳。

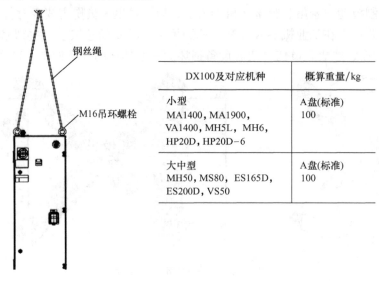

图 1-13　DX100 吊装示意

机器人、DX100 及周边设备周围需要预留足够的空间,以便于对设备进行保养。DX100 安装周边尺寸示意如图 1-14 所示。

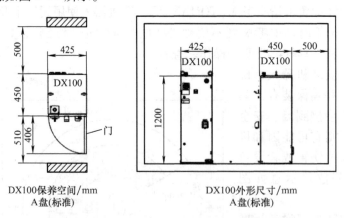

图 1-14　DX100 安装周边尺寸示意

DX100 安装后,使用侧面下部的螺钉把控制柜固定在地板或者架台上,如图 1-15 所示。在进行 DX100 与机器人、外围设备间的配线及配管时须采取保护措施,如将管、线或电缆从坑内穿过或加保护盖,以免被人踩坏或被叉车碾压而过,如图 1-16 所示。

3. 操作安全注意事项

在作业区内工作时粗心大意会造成严重的事故,为了确保安全,因此强令执行下列防范措施。

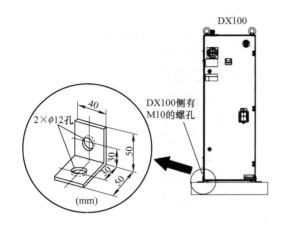
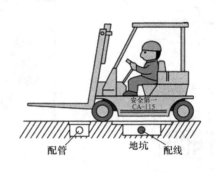

图 1-15 DX100 固定方式　　　　图 1-16 DX100 外围配线示意

1）在机器人周围设置安全栏，以防造成与已通电的机器人发生意外的接触。在安全栏的入口处张贴一个"远离作业区"的警示牌。安全栏的门必须要加装可靠的安全联锁。

2）工具应该放在安全栏以外的合适区域。若由于疏忽把工具放在夹具上，和机器人接触则有可能发生机器人或夹具的损坏。

3）当往机器人上安装一个工具时，务必先切断（OFF）DX100控制柜及所装工具上的电源并锁住其电源开关，而且要挂一个警示牌，如图1-17所示。

示教机器人前先检查机器人运动方面的问题以及外部电缆绝缘保护罩是否损害，如果发现问题则应立即更正，并确认所有其他必须做的工作均已完成。示教编程器使用完毕后，务必挂回原位置。如示教编程器遗留在机器人上、系统夹具

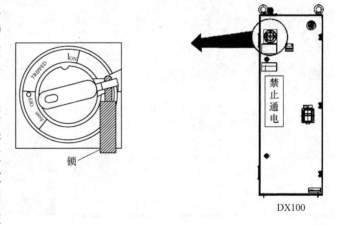

图 1-17 警示牌

上或地面上，则机器人或装载其上的工具将会碰撞到它，因此可能引发人身伤害或者设备损坏。遇到紧急情况时，需要停止机器人的，请按在示教器或DX100控制柜右侧的急停按钮，急停按钮位置如图1-18所示。

二、机器人的启动和停止

1. 主电源的接通

DX100电源打开后，要确保机器人的可动范围内无人员，并且在安全的区域进行机器人的操作。把DX100控制柜前面的主电源开关打到【ON】，就接通了主电源，开始了初始化诊断和生成当前值，如图1-19所示。

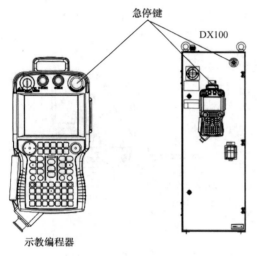
图 1-18　急停按钮位置

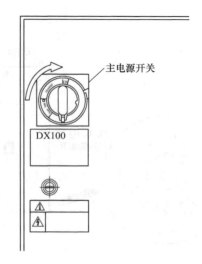
图 1-19　主电源开关

接通主电源后，DX100 内执行初始化诊断，示教编程器的画面显示开始启动画面，如图 1-20 所示。如果系统没有问题，则会出现工作界面，如图 1-21 所示。在电源切断后，DX100 控制系统会存储现有工作状态和运行或编辑的程序。

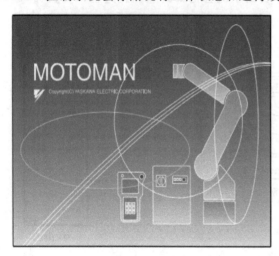
图 1-20　开始启动画面

图 1-21　工作界面

2. 伺服电源的接通

当处于再现模式时，伺服电源的接通如图 1-22 所示。

图 1-22　再现模式伺服接通步骤

当处于示教模式时，伺服电源的接通如图 1-23 所示。

示教状态下的伺服电源接通安全开关具有三种状态，分别为 OFF、ON 和 OFF，如图 1-24 所示。当安全开关处于自然状态时，伺服电源处于 OFF 状态。手动操作机器人时，轻握安全开关，当听到"咔"的一声时，伺服电源接通，这时候，握安全开关不需要用太大力气。当用力握紧安全开关时，会再次听到"咔"的一声，这时候伺服电源关闭。在危险的情况下，紧握安全开关，机器人的动作就会停止。

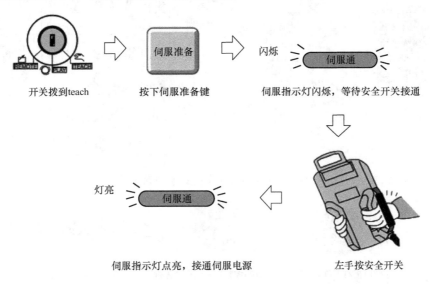

图 1-23 示教模式伺服接通步骤

图 1-24 伺服电源接通安全开关具有的三种状态

3. 机器人的轴操作

机器人开启后，使用键盘上的轴操作键对机器人各轴的基本动作进行确认。图 1-25 表明了每个轴在关节坐标系的动作示意。

4. 电源的切断

（1）伺服电源的切断（异常停止） 在机器人的示教模式、再现模式和远程模式下，按下急停键都会使机器人的伺服电源切断，如图 1-26 所示。

（2）主电源切断 将 DX100 前面的主电源开关旋转到【OFF】侧，主电源将被切断。在切断主电源之前，需要先切断伺服电源，使机器人处于停止状态。如果不按此操作，可能使机器人丢失设置信息，处于未知状态，影响机器人的再次运行。

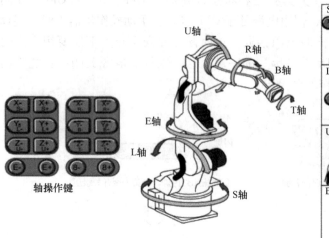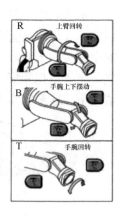

图 1-25　每个轴在关节坐标系的动作示意

 或者 ⇨ 伺服通

示教面板右上角急停键　　DX100控制柜右上角急停键　　　　伺服灯灭

图 1-26　急停按钮使用

【任务实施】

任务书 1-2

姓名		任务名称	启动停止机器人
指导教师		同组人员	
计划用时		实施地点	工业机器人实训室
时间		备注	
任务内容			

1. 通过网络，查找工业机器人生产事故，分析事故原因，总结安全要点
2. 检查工业机器人实训室各工作站状态，指出其与安全使用规范不一致的地方
3. 检查工业机器人装配工作站系统接线状态
4. 接通机器人主电源，手工测试机器人各轴的基本动作
5. 关闭机器人主电源

考核项目	工业机器人安全使用规范
	工业机器人 S、L、U、R、B、T 各轴的运动方向确认
	机器人安全接线规范

（续）

资料	工具	设备
工业机器人安全操作规程	常用工具	
MH6 使用说明书		
工业机器人装配工作站说明书		工业机器人装配工作站
DX100 使用说明书		

任务完成报告 1-2

姓名		任务名称	启动停止机器人
班级		小组成员	
完成日期		分工内容	

1. 对通过网络收集的工业机器人生产事故进行分析，查找事故原因，简述工业机器人应用安全注意事项。

2. 简述工业机器人安全接线规范。

3. 在关节坐标下，手工测试机器人各关节运动，在下图中标出 S、L、U、R、B、T 轴运动的方向。

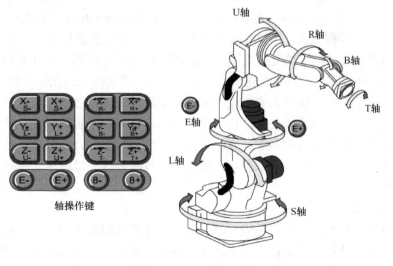

轴操作键

任务三　认识示教编程器

工业机器人一般由机器人本体"机器人"、机器人控制柜和示教编程器所构成。机器人的基本操作一般是通过示教编程器完成的。本任务以 DX100 为例，介绍示教编程器的构成及基本操作。

【知识准备】

一、机器人作业示教方法

针对现代工业快速多变以及日益增长的复杂性要求，继柔性制造、计算机集成制造、精良生产及并行工程，在面向未来工业应用的生产单元中，机器人不仅被要求"不知疲倦"地进行简单重复的工作，而且能作为一个高度柔性、开放并具有友好的人机交互功能的可编程、可重构制造单元融合到制造业系统中。这一能力的实现要求现阶段机器人技术整体的进步，示教技术就是其中重要的一项。机器人因为能被编程完成不同的任务而被视为柔性的自动化设备。通过某一设备或方式实现对机器人作业任务的编程，这个过程就是机器人的示教过程。

现有的机器人示教系统可以分为以下三类：

1. 示教再现方式

示教再现（Teaching Playback），也称为直接示教，就是指我们通常所说的手把手示教，由人直接搬动机器人的手臂对机器人进行示教，如示教盒示教或操作杆示教等。在这种示教中，为了示教方便以及获取信息的快捷而准确，操作者可以选择在不同坐标系下示教。例如，可以选择在关节坐标系（Joint Coordinates）、直角坐标系（Rectangular Coordinates）以及工具坐标系（Tool Coordinates）或用户坐标系（User Coordinates）下进行示教。示教再现是机器人普遍采用的编程方式，典型的示教过程是依靠操作员观察机器人及其夹持工具相对于作业对象的位姿，通过对示教盒的操作，反复调整示教点处机器人的作业位姿、运动参数和工艺参数，然后将满足作业要求的这些数据记录下来，再转入下一点的示教。

整个示教过程结束后，机器人实际运行时使用这些被记录的数据，经过插补运算，就可以再现在示教点上记录的机器人位姿。这个功能的用户接口是示教器键盘，操作者通过操作示教器，向主控计算机发送控制命令，操纵主控计算机上的软件，完成对机器人的控制；其次示教器将接收到的当前机器人运动和状态等信息通过液晶屏完成显示。示教器通过线缆与主控计算机相连。

2. 离线编程方式

基于 CAD/CAM 的机器人离线编程示教，是利用计算机图形学的成果，建立起机器人及其工作环境的模型，使用某种机器人编程语言，通过对图形的操作和控制，离线计算和规划出机器人的作业轨迹，然后对编程的结果进行三维图形仿真，以检验编程的正确性。最后在确认无误后，生成机器人可执行代码下载到机器人控制器中，用以控制机器人作业。根据使用编程语言的层次不同，离线编程又可分为执行级编程和任务级编程。

项目一　工业机器人装配工作站现场编程

3. 基于虚拟现实方式

随着计算机学及相关学科的发展，特别是机器人遥操作、虚拟现实、传感器信息处理等技术的进步为准确、安全、高效的机器人示教提供了新的思路，为用户提供一种崭新和谐的人机交互操作环境的虚拟现实技术（Virtual Reality，VR）的出现和应用尤其吸引了众多机器人与自动化领域的学者的注意。这里，虚拟现实作为高端的人机接口，允许用户通过声、像、力以及图形等多种交互设备实时地与虚拟环境交互。根据用户的指挥或动作提示，示教或监控机器人进行复杂的作业。利用虚拟现实技术进行机器人示教是机器人学中新兴的研究方向。

二、示教编程器认识

机器人示教器是工业机器人的主要组成部分，其设计与研究均由各厂家自行研制。著名的公司有：瑞典的 ABB Robotics，日本的 FANUC、Yaskawa 安川电机、川崎重工、OTC，德国的 KUKA Roboter、CLOOS、REISKUKA，美国的 Adept Technology、American Robot、Emerson Industrial Automation、S-T Robotics、Miler，意大利的 COMAU，英国的 Auto-Tech Robotics，加拿大的 Jcd International Robotics，以色列的 Robogroup Tek 公司，奥地利的 IGM 等公司。在中国市场，ABB、安川电机、FANUC 和 KUKA 公司位于前列。ABB 公司的示教编程器外形如图 1-27 所示，FANUC 公司的示教编程器外形如图 1-28 所示。

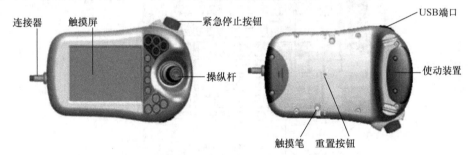

图 1-27　ABB 公司的示教编程器外形

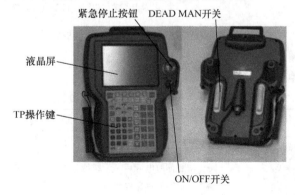

图 1-28　FANUC 公司的示教编程器外形

三、DX100 示教编程器

1. DX100 示教编程器整体结构

DX100示教编程器上设有机器人示教和编程所需的操作键和按钮，其整体结构如图1-29所示。

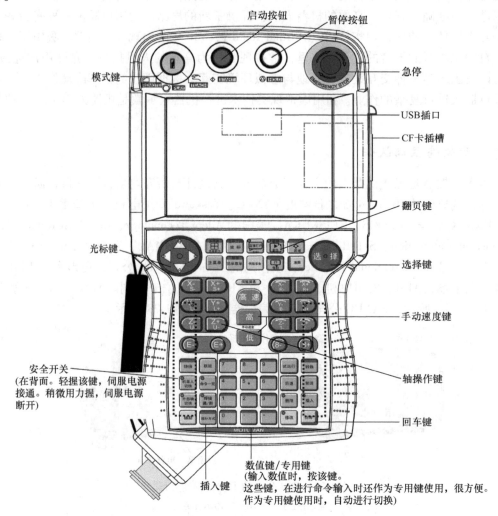

图 1-29　DX100 示教编程器整体结构

2. 示教编程器的键

DX100 示教编程器各键的功能如表 1-2 所示。

表 1-2　DX100 示教编程器各键功能

名称	图标	功　　能
急停		按该键，伺服电源切断 ● 切断伺服电源后，示教编程器的伺服 ON LED 灯灭 ● 显示屏显示急停信息
开始		按下该键，机器人开始再现运动 ● 再现运动中，该键灯亮 再现运动即使是由专用输入的开始信号启动的，开始键的灯也亮 ● 由于报警发生或暂停、模式切换等而停止再现动作时，开始键灯灭

（续）

名称	图标	功能
暂停		按下该键、运动中的机器人暂停运动 ● 该按键响应所有模式 ● 该键只有在按下期间灯亮 一旦放松按键，灯灭。即使按键灯灭，机器人仍然保持暂停状态，直到得到下一个开始指示为止 ● 暂停键在以下情况下自动亮灯，通知系统目前处于暂停状态。并且在灯亮期间，开始及轴操作都无法进行 ① 来自专用输入的暂停信号处于 ON 时 ② 远程时，外部设备在要求暂停的时候 ③ 各种作业所引起的停止状态时（如弧焊时焊接异常发生等）
模式		该按键若旋转到【PLAY】，则为再现模式。可再现示教后的程序 ● 再现模式时，不接受外部设备的开始信号
		该按键若旋转到【TEACH】，则为示教模式。用示教编程器可进行轴操作或编程作业 ● 示教模式时不接受外部设备的开始信号
		该按键旋转到【REMOTE】，则为远程模式。通过外部输入信号进行的操作有效 ● 远程模式时，不接受示教编程器的【START】
安全开关		按该键，伺服电源接通 ● 伺服 ON LED 指示灯闪烁，安全插销 ON、模式键位于【TEACH】时，轻轻按安全开关，可接通伺服电源。在该状态下，若用力握安全开关，伺服电源断开
选择		项目选择键 ● 在主菜单区域、下拉菜单区域，进行菜单项目的选择 ● 在通用显示区域，对选择项目进行设定 ● 在信息区域，显示多条信息
光标		按该键，光标移动 ● 不同画面显示的光标大小、移动范围和区域是不同的 ● 在程序画面，光标在"NOP"行时，按【↑】，光标向程序【END】行移动 同时按下： 【转换】+【↑】 向画面上方滚动 【转换】+【↓】 向画面下方滚动 【转换】+【→】 向画面右方滚动 【转换】+【←】 向画面左方滚动
主菜单		显示主菜单 ● 在主菜单显示状态下，按该键，主菜单关闭 同时按： 【主菜单】+【↑】 画面亮度进一步增加 【主菜单】+【↓】 画面亮度进一步变暗

(续)

名称	图标	功能
简单菜单	简单菜单	显示简单菜单 ● 在简单菜单显示状态下，按该键，简单菜单关闭
伺服准备	伺服准备	按该键，伺服电源接通有效 ● 当伺服电源由于急停、超程被切断后，请使用该键使伺服电源接通有效 ● 按该键： ① 再现模式、在安全栏关闭的情况下，伺服电源被接通 ② 示教模式、伺服 ON LED 指示灯闪烁、安全开关状态为 ON 时，伺服电源接通 ③ 伺服电源接通期间，伺服 ON LED 指示灯亮
帮助	!? 帮助	按该键，根据当前显示的画面情况，显示帮助操作的菜单 ● 在该键按下状态下，按转换键、联锁键，显示帮助引导 同时按： 【转换】+【辅助】　显示与【转换】键同时按下时的功能一览 【联锁】+【辅助】　显示与【联锁】键能够同时按下时的功能一览
清除	清除	解除当前状态的专用键 ● 在主菜单区域、下拉菜单区域取消子菜单 ● 在通用显示区域解除正在输入的数据或输入状态 ● 在信息区域解除多条显示 ● 解除发生中的错误
多画面	多画面 选择窗口	多画面显示键 ● 在多画面模式下显示时，若按该键，活动画面顺序进行切换 同时按"【转换】+【多画面】"时，若多画面模式显示，多画面显示与单画面显示交互切换
坐标	工具选择 坐标	手动操作机器人时，用于动作坐标系选择的键 ● 可在关节、直角、圆柱、工具和用户 5 种坐标系中选择 该键每按一次，坐标系顺序按照以下方式变化： 关节 →直角/圆柱 →工具 →用户 ● 选择坐标系后，在状态显示区域显示 同时按"【转换】+【坐标】"时，若选择【工具】及【用户】，可变更坐标序号
直接打开	直接打开	按该键，显示与当前操作有关的内容 ● 显示程序内容时，把光标移到命令上，按该键后，显示与该命令相关的内容 CALL 命令：被调用的程序内容 作业命令：正使用的条件文件内容 输入输出命令：输入输出状态 ● 直接打开 ON 状态时，直接打开键的指示灯亮 在指示灯亮的期间，若按直接打开键，返回原画面

（续）

名称	图标	功　　能
翻页	翻页	该键每按一次，显示一次下一个页面 ● 只有在翻页键指示灯亮时，才能切换页面 同时按：【转换】+【页面】显示切换到前一个页面
区域	区域	按该键时，光标向【菜单区域】→【通用显示区域】→【信息区域】→【主菜单区域】移动。但是，当没有显示的项目时，光标不能移动 同时按： 【转换】+【区域】在双语功能有效时，可进行语言切换（双语功能：选项） 【区域】+【↓】当显示操作键时，光标从通用显示区域移动到操作键 【区域键】+【↑】当光标在操作键上时，光标移动到通用显示区域
转换	转换	与该键同时按时，可使用其他功能 可与转换键同时按的键有： 【主菜单】、【帮助】、【坐标】、【区域】、【插补方式】、光标键、数值键 与其他键同时使用时的功能，请参阅各键说明
联锁	联锁	与该键同时按下时，可实现其他功能的使用。可与联锁键同时按的键有： 【帮助】、【多画面】、【试运行】、【前进】、数值键（数字键专用功能），与其他键同时按下时的功能，请参阅各键说明
命令一览	命令一览	在程序编辑中，若按该键，显示可登录的命令一览
机器人切换	机器人切换	切换轴操作时的机器人轴 ● 按该键，可进行机器人轴的轴操作 ● 该键在1台DX100控制柜控制多台机器人的系统或有外部轴的系统中有效
外部轴切换	外部轴切换	切换轴操作时的外部轴切换 ● 按该键，可进行外部轴（基础轴/工装轴）的轴操作 ● 系统带外部轴时，该键有效
插补方式	插补方式	指定再现时机器人的插补方法 ● 所选择的插补方式类型显示在显示器的输入缓冲行上 ● 该键每按下一次，插补方法按如下顺序变化： MOVJ→MOVL→MOVC→MOVS 同时按下"【转换】+【插补方式】"时，插补模式按照如下顺序变化： 标准插补模式→外部基准点插补模式→传送带插补模式 其中外部基准点插补模式和传送带插补模式为选项功能 各种模式下，只要按插补，如上面标准插补模式那样各种可使用的插补方法可转换

(续)

名称	图标	功能
试运行	试运行	此键与【联锁】键同时按下时，机器人运行，可对示教过的程序点作为连续轨迹进行确认 ● 机器人在三种循环方式（连续、单循环、单步）中，按照当前选定的循环方式运行 ● 机器人按照示教速度运行。但是，示教速度若超过示教的最高速度，以示教最高速度运行 同时按下"【联锁】+【试运行】"时，机器人沿示教点连续运行 在连续运行中，若松开【试运行】键，机器人则停止运行
前进	前进	只在按住该键期间，机器人按示教程序点的轨迹运行 ● 只执行移动命令 ● 机器人按照选定的手动速度运动 执行操作前，请确认手动速动是否正确 同时按下： 【联锁】+【前进】 执行移动命令以外的命令 【参考点】+【前进】 机器人向光标行显示的参考点移动
后退	后退	只有在按下该键期间，机器人沿示教的程序点轨迹逆向运动 ● 只执行移动命令 ● 机器人按照选定的手动速度运动。操作前，请确认手动速度是否正确
删除	删除	按该键，删除已登录的命令 ● 该键指示灯亮时，若按【回车】键，删除完成
插入	插入	按该键，插入新的命令 ● 在该键指示灯亮时，按【回车】键，插入完成
修改	修改	按该键，修改示教的位置数据、命令 ● 该键指示灯亮时，按【回车】键，修改完成
回车	回车	从事命令或数据的登录、机器人当前位置的登录及编辑等有关的操作时，该键是最终决定键 ● 按【回车】键，输入缓冲行显示的命令或数据，被输入到显示屏光标所在位置，这样就完成了输入、插入、修改等操作
（手动速度的） 高、 低	高 手动速度 低	手动速度时，设定机器人动作速度的专用键。该键设定的动作速度即使在前进、后退的运动中仍然有效 ● 手动速度有3个等级（低、中、高）及微动可供选择 选定的速度在显示屏状态显示区域显示 每按一次【高】键，按照微动→低→中→高顺序变化 每按一次【低】键，按照高→中→低→微动顺序变化

（续）

名称	图标	功能
高速	 高速	手动操作时，按住轴操作键中的某个键，再按该键期间时，机器人可快速移动。不能修改此速度 ● 该键按下时的速度已预先设定
轴操作	 （轴操作键图）	操作机器人各个轴的专用键 ● 机器人只在该键按下时运动 ● 轴操作键可同时进行2种以上的操作 ● 机器人按照选定的坐标系和选定的手动速度运动。轴操作前，请确认坐标系和手动速度是否正确
数值	 （数值键图）	输入状态时，按数值键可输入键左上角的数值和符号 ● "."是小数点，"-"是减号或连字符 ● 数值键也作为用途键来使用，有关细节请参考各用途的说明

3. 示教编程器的画面显示

示教编程器的显示屏是 6.5in 的彩色显示屏。可用文字有英文数字、符号、片假名、平假名、汉字。日语输入时，用罗马字母输入，可在假名和汉字间转换。

示教编程器分为 5 个显示区域，分别为通用区、状态区、菜单区、人机接口区和主菜单区，如图 1-30 所示。用 [区域] 键移动或触摸画面可直接进行区域选择。

（1）主菜单区　主菜单区显示各菜单及其子菜单。若按 [主菜单] 或者触摸画面左下方的菜单，就会显示主菜单。触摸屏幕左下方的方向键 [◀▶]，可以显示主菜单其余的部分，如图 1-31 所示，主菜单各个选项的功能如表 1-3 所示。

表 1-3　主菜单各个选项的功能

菜单	功能
 程序内容	程序内容、选择程序、新建程序
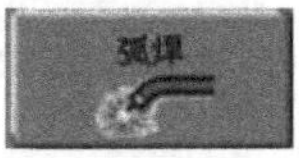 弧焊	用途不同显示有所不同，如搬运、弧焊、点焊等
 变量 B001	算数、计算结果和位置保存
 输入/输出	输入输出状态确认

（续）

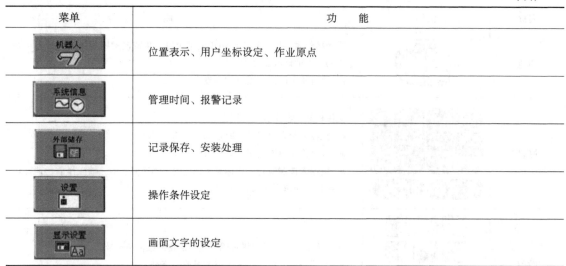

菜单	功　能
机器人	位置表示、用户坐标设定、作业原点
系统信息	管理时间、报警记录
外部储存	记录保存、安装处理
设置	操作条件设定
显示设置	画面文字的设定

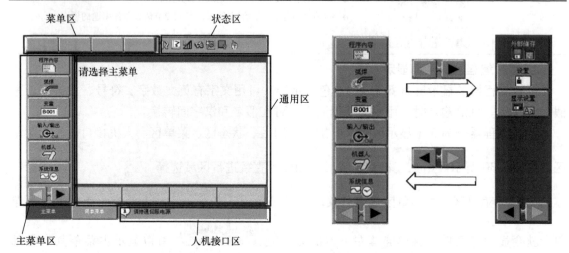

图 1-30　示教编程器主显示画面　　　　　　　图 1-31　主菜单各选项

（2）状态区　状态区显示现在机器人的设定状态，如图 1-32 所示。

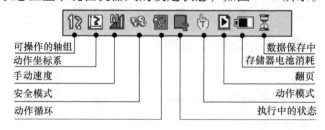

图 1-32　状态区

1）可操作的轴组。当系统带工装轴或有多台机器人时，显示可进行轴操作的控制轴组，如图 1-33 所示。

2）动作坐标系。显示可选择的坐标系统。按住坐标键就可以切换，如图 1-34 所示。

3）手动速度。可按手动速度的"高"或"低"键，选择轴操作时的手动速度。该速度

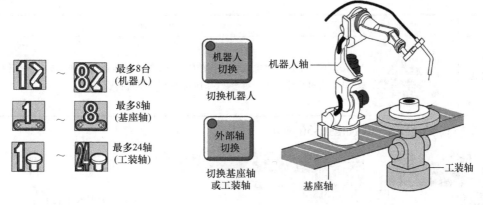

图 1-33 可操作的轴组

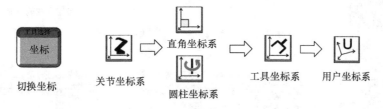

图 1-34 动作坐标系切换

在"前进"或"后退"的键操作时也有效,速度键功能如图 1-35 所示。

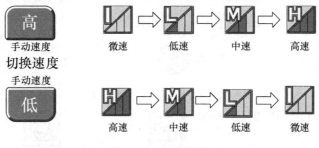

图 1-35 手动速度

一边进行操作,一边按 高速 键,速度会比切换高速的速度快。

4)安全模式。DX100 共设置了 3 种安全模式,如表 1-4 所示。

表 1-4 安全模式类型

名称	图标	功　能
操作模式		该模式的使用对象是监视生产线运行中机器人动作的操作人员。主要可进行的操作有:机器人的启动、停止和监控等。也可进行生产线异常发生后的恢复作业
编辑模式		该模式的使用对象是从事示教操作的人员。可执行操作模式下的各种作业,可使机器人做轴动作,还可进行程序编辑及各种条件文件的编辑工作

（续）

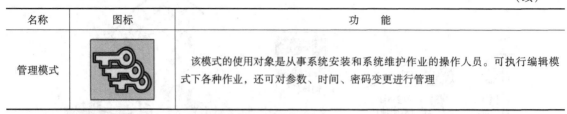

安全模式切换操作步骤如图 1-36 所示。

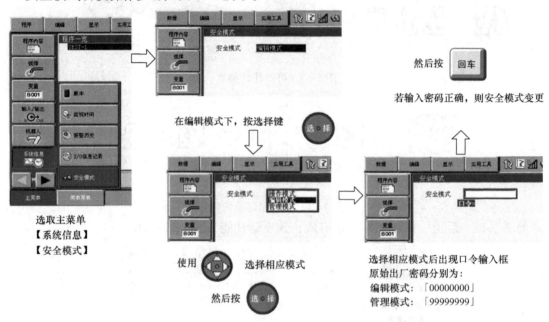

图 1-36　安全模式切换操作步骤

5）动作循环。显示当前的动作循环，图标如图 1-37 所示。

6）执行中的状态。显示停止、暂停、急停、报警状态中的一种，图标如图 1-38 所示。

单步

单循环

连续

图 1-37　动作循环

停止

暂停

急停

报警

运动

图 1-38　执行中的状态

7）其他状态。其他状态如表 1-5 所示。

表 1-5　其他状态含义

名称	状态图标	含义
模式		示教

（续）

名称	状态图标	含义
模式		再现
翻页		可切换画面时显示
多画面显示		指定多画面模式时显示
存储器电池消耗		存储器电池消耗时显示
数据保存中		数据保存时显示

【任务实施】

任务书1-3

姓名		任务名称	认识示教编程器
指导教师		同组人员	
计划用时		实施地点	工业机器人实训室
时间		备注	
任务内容			

1. 通过网络查找安川电机机器人 MotoSim 离线编程软件功能资料
2. 掌握 DX100 示教编程器各按键功能
3. 掌握 DX100 示教编程器显示界面各图标功能
4. 通过网络等方式，查找一款其他公司的示教编程器，通过 PPT 介绍其功能

考核项目	描述 DX100 示教编程器各按键功能
	描述 DX100 示教编程器显示界面图标功能
	制作其他公司示教编程器介绍的 PPT

（续）

资料	工具	设备
工业机器人安全操作规程	常用工具	工业机器人装配工作站
MH6 使用说明书		
工业机器人装配工作站说明书		
DX100 使用说明书		
DX100 操作要领书		

任务完成报告 1-3

姓名		任务名称	认识示教编程器
班级		小组成员	
完成日期		分工内容	

1. 请标注下图示教器状态栏各图标的功能。

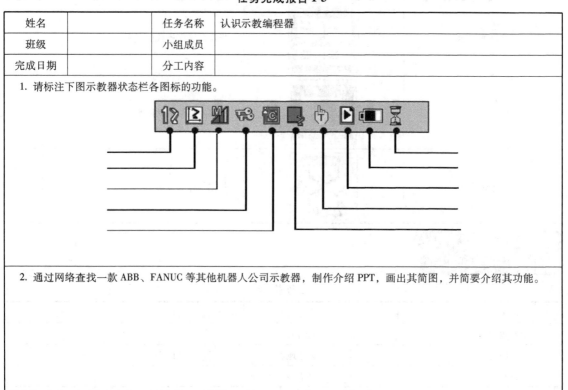

2. 通过网络查找一款 ABB、FANUC 等其他机器人公司示教器，制作介绍 PPT，画出其简图，并简要介绍其功能。

任务四　设定装配工作站坐标

工业机器人的作业点在空间通过坐标进行标识，通过选取不同的坐标系可以快速有效地对工业机器人工作站系统进行示教，提高作业效率。

【知识准备】

一、坐标系的概念

为了说明质点的位置运动的快慢、方向等，必须选取其坐标系。在参照系中，为确定空间一点的位置,按规定方法选取的有次序的一组数据,这就叫做"坐标"。在某一问题中规定坐标的方法,就是该问题所用的坐标系。

在《工业机器人坐标系和运动命名原则》(GB/T 16977—2005)中,对工业机器人的坐标系进行了定义。其中,固定在地面上的坐标系称为世界坐标系;固定在安装面上的坐标系称为基础坐标系。对于固定安装的机器人,当安装完成后,坐标系之间的对应关系即唯一确定,两种坐标系之间的变换很容易进行,机器人系统各类坐标如图1-39所示。

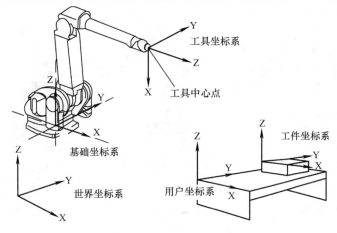

图 1-39 机器人坐标系的举例

二、DX100 的坐标系和轴操作

1. 控制组和坐标系

DX100 将单轴或多轴的操作称为"控制组",如图1-40所示。机器人本体自身的轴称为"机器人轴",使机器人整体平行移动的轴叫"基座轴",除此之外还有"工装轴",配合夹具和工具的使用。另外,基座轴、工装轴还叫外部轴。

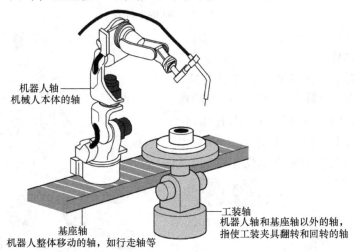

图 1-40 DX100 的控制组

对本体进行轴操作时,其坐标系有以下几种形式。

1)关节坐标系:本体各轴单独运动。

2）直角坐标系：机器人前端沿设定的 X 轴、Y 轴、Z 轴平行运动。

3）圆柱坐标系：本体前端在 θ 轴绕 S 轴运动，R 轴 L 臂平行运动。Z 轴运动方向与直角坐标系相同。

4）工具坐标系：工具坐标系把机器人腕部工具的有效方向作为 Z 轴，把 XYZ 直角坐标定义在工具的尖端点。本体尖端点根据坐标平行运动。

5）用户坐标系：XYZ 直角坐标在任意位置定义。本体尖端点根据坐标平行运动。

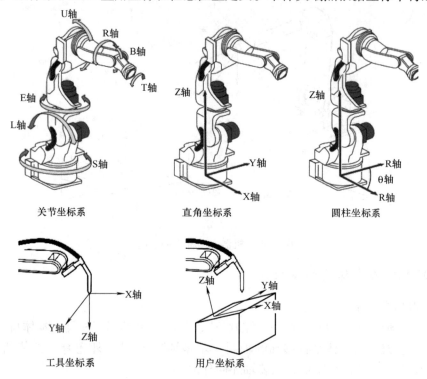

图 1-41 DX100 的坐标系

各坐标系如图 1-41 所示。

2. 机器人的动作

（1）关节坐标系 关节坐标系如图 1-42 所示，在关节坐标系，机器人各个轴可单独动作。当按下机器人没有的轴操作键时，不做任何动作，各轴操作键功能如表 1-6 所示。

当同时按 2 个以上的多个轴操作键时，机器人呈合成式运动。但是，像 这样同轴反方向的 2 个键同时按下时，所有轴不动，1 个轴只能按一个键。

（2）直角坐标系 机器人在直角坐标系，与本体轴 X、Y、Z 轴平行运动，如图 1-43 所示。

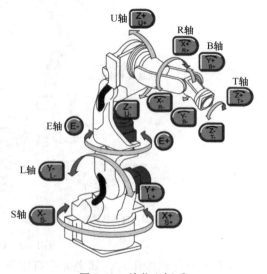

图 1-42 关节坐标系

表1-6 关节坐标系的轴操作

轴名称		轴操作	动作
基本轴	S轴	X-/S- X+/S+	本体左右旋转动作
	L轴	Y-/L- Y+/L+	前后移动下臂
	U轴	Z-/U- Z+/U+	上下移动上臂
腕部轴	R轴	X-/R- X+/R+	手腕旋转
	B轴	Y-/B- Y+/B+	手腕上下运动
	T轴	Z-/T- Z+/T+	手腕旋转
	E轴	E- E+	下臂旋转

当同时按2个以上的多个轴操作键时，机器人呈合成式运动。但是，像 X-/S- + X+/S+ 这样同轴反方向的2个键同时按下时，所有轴不动，1个轴只能按一个键。各轴操作键功能如表1-7所示。

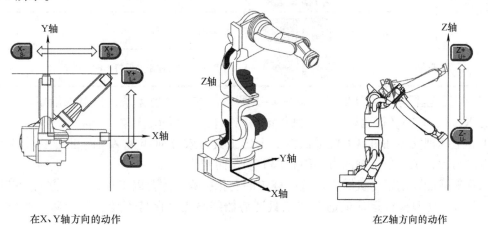

在X、Y轴方向的动作　　　　　　　　　　　　　　　　在Z轴方向的动作

图1-43 直角坐标系

表1-7 直角坐标系的轴操作

轴名称		轴操作	动作
基本轴	S轴	X-/S- X+/S+	沿X轴平行前后移动
	L轴	Y-/L- Y+/L+	沿Y轴平行左右移动
	U轴	Z-/U- Z+/U+	沿Z轴平行上下移动
腕部轴		X-/R- X+/R+	手腕轴动作时控制点保持不动，沿X、Y、Z轴中心回转

(3) 圆柱坐标系 圆柱坐标系如图 1-44 所示。在圆柱坐标系。机器人以本体 Z 轴为中心旋转运动，或与 Z 轴成直角平行运动。各轴操作键功能如表 1-8 所示。

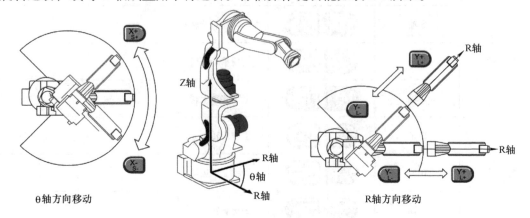

图 1-44 圆柱坐标系

表 1-8 圆柱坐标系的轴操作

轴名称		轴操作	动作
基本轴	θ 轴	X- / X+	沿 X 轴平行前后移动
	R 轴	Y- / Y+	沿 Y 轴平行左右移动
	Z 轴	Z- / Z+	沿 Z 轴平行上下移动
腕部轴		X- / X+	手腕轴动作时控制点保持不动，沿 θ、R、Z 轴中心回转

(4) 工具坐标系 工具坐标系如图 1-45 所示。在工具坐标系，机器人沿定义在工具尖端点的 X、Z、Y 轴平行运动。各轴操作键功能如表 1-9 所示。

工具坐标把安装在机器人腕部法兰盘上的工具有效方向作为 Z 轴，把坐标定义在工具尖端点。为此，工具坐标轴的方向随腕部的动作而变化。

工具坐标的运动不受机器人位置或姿势的变化影响，主要以工具的有效方向为基准进行运动。所以，工具坐标运动最适合在工具姿势始终与工件保持不变、平行移动的应用中使用。

表 1-9 工具坐标系的轴操作

轴名称		轴操作	动作
基本轴	X 轴	X- / X+	沿工具坐标系 X 轴进行平行移动
	Y 轴	Y- / Y+	沿工具坐标系 Y 轴进行平行移动
	Z 轴	Z- / Z+	沿工具坐标系 Z 轴进行平行移动
腕部轴		X- / X+	手腕轴动作时控制点保持不动，沿 X、Y、Z 轴中心回转

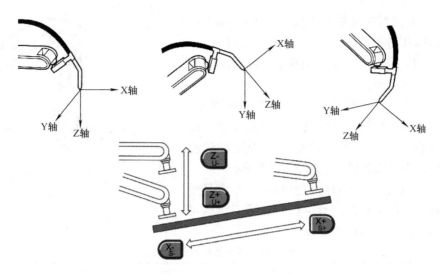

图 1-45　工具坐标系

要想使用工具坐标系，需要事先进行工具文件的登录。DX100 系统最多可登录 64 种工具。在使用多种工具的系统中，可根据作业内容选择工具，如图 1-46 所示。在机器人使用多种工具之前，需要设定工具号切换制定的参数 S2C431，当其值设为 1 时，可进行多个工具的切换，当其值为 0 时，不允许多个工具的切换。

当使用多个工具时，工具坐标文件夹切换步骤如下。

步骤 1：按【坐标】键，选择工具坐标系 。

步骤 2：按【转换】+【坐标】键，显示工具选择画面，如图 1-47 所示。

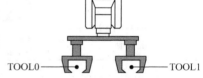

图 1-46　多种工具示意

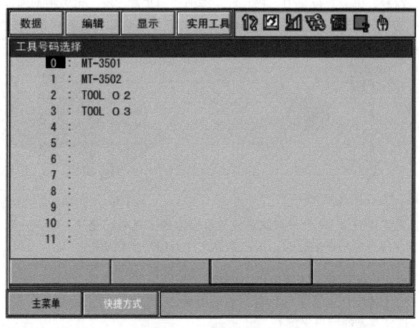

图 1-47　工具选择画面

步骤 3：光标对准需要的工具。图 1-47 画面上的例子是选择 0 号工具（焊枪型号 MT-3501）。

步骤 4：按【转换】+【坐标】，回到原来的画面，完成工具选择。

（5）用户坐标系　用户坐标系如图 1-48 所示，在用户坐标系，在机器人动作范围的任意位置，设定任意角度的 X、Y、Z 轴，机器人与设定的这些轴平行移动。各轴操作键功能如表 1-10 所示。

在一些应用场合，使用用户坐标可以很容易地对工业机器人工作站系统进行示教，比手工示教可以节省工作时间，提高示教效率。

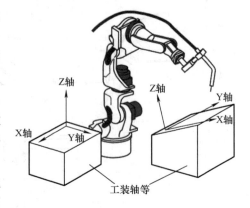

图 1-48　用户坐标系

表 1-10　用户坐标系的轴操作

轴名称		轴操作	动作
基本轴	X 轴	X-/S- X+/S+	沿用户坐标系 X 轴进行平行移动
	Y 轴	Y-/L- Y+/L+	沿用户坐标系 Y 轴进行平行移动
	Z 轴	Z-/U- Z+/U+	沿用产生标系 Z 轴是平行移动
腕部轴		X-/R- X+/R+	手腕轴动作时控制点保持不动，沿 X、Y、Z 轴中心回转

当工作站系统具有多个相同的工作位置时，可以针对每一个工作位置，设置相应的用户坐标，如图 1-49 所示。

在食品、饮料、包装等行业中，物品堆垛排列使用非常广泛，可以根据堆垛的位置和要求，设置相应的用户坐标，如图 1-50 所示。其他的应用场合如在运行中的输送线上使用机器人作业时，可以根据输送带的方向设置相应的用户坐标系。

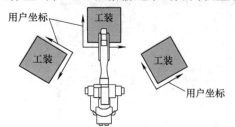

图 1-49　用户坐标示例 1

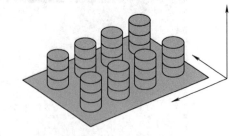

图 1-50　用户坐标应用示例 2

用户坐标最多可登录 63 个，与此对应，可设定的工具号码是 1~63，一般称之为用户坐标文件。当使用多个用户坐标时，用户坐标文件夹切换步骤如下。

步骤 1：按【坐标】键，选择用户坐标系。

步骤 2：按【转换】+【坐标】键，显示用户坐标选择画面，如图 1-51 所示。

步骤 3：选择需要的用户坐标号。

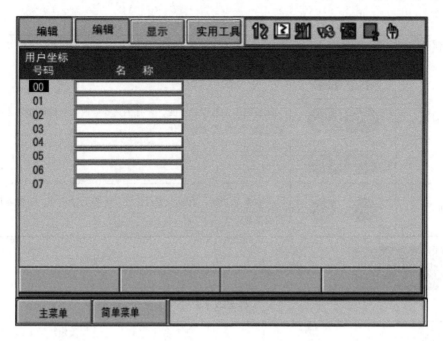

图 1-51 工具选择画面

步骤 4：按【转换】+【坐标】，回到原来的画面，完成用户坐标选择。

3. 机器人控制点保持不变操作

机器人在作业过程中，经常需要围绕同一个点变换位置，调整姿态，以适应作业对象的工艺或动作要求。控制点保持不变的操作是指不改变工具尖端点的位置（控制点），只改变工具姿势的轴操作。

控制点保持不变的操作，在直角坐标、圆柱坐标、工具坐标和圆柱坐标系下均可使用。当选择相应的坐标系进行操作时，工具围绕控制点以相应的坐标系轴进行旋转，如图 1-52 所示。关节坐标系下不能进行控制点保持不变的操作。各轴操作键功能如表 1-11 所示。

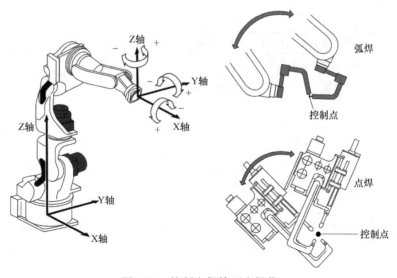

图 1-52 控制点保持不变操作

表 1-11 控制点保持不变的轴操作

轴名称	轴操作	动作
手腕轴	X-/R- X+/R+ Y-/B- Y+/B+ Z-/T- Z+/T+	使控制点位置保持不变,只有工具姿势改变。围绕指定坐标系的坐标轴运动中,工具姿势变化
E 轴	E- E+	只在 7 轴机器人有效。工具位置、姿势固定不变,手臂姿势变化(Re 角度变化)

【任务实施】

任务书 1-4

姓名		任务名称	设定装配工作站坐标
指导教师		同组人员	
计划用时		实施地点	工业机器人实训室
时间		备注	
任务内容			
1. 熟悉工业机器人坐标系的基本概念 2. 掌握关节坐标、直角坐标、工具坐标、用户坐标的基本概念 3. 掌握关节坐标、直角坐标、工具坐标、用户坐标的基本使用方法 4. 通过网络等方式,查找 ABB、KUKA 等公司的一种工业机器人坐标系定义方式,通过 PPT 介绍其功能			
考核项目	描述关节坐标、直角坐标、工具坐标、用户坐标的功能		
	能根据现场情况选择相应坐标系		
	制作其他公司工业机器人坐标系定义方式的 PPT		

资料	工具	设备
工业机器人安全操作规程	常用工具	工业机器人装配工作站
MH6 使用说明书		
工业机器人装配工作站说明书		
DX100 使用说明书		
DX100 操作要领书		

任务完成报告 1-4

姓名		任务名称	设定装配工作站坐标
班级		小组成员	
完成日期		分工内容	

1. 请标注下图所示各坐标系的名称。

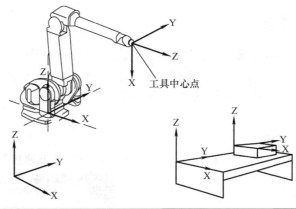

2. 试简单描述关节坐标系、直角坐标系、工具坐标系和用户坐标系的区别和应用场合。

3. 通过网络查找一种其他机器人公司工业机器人坐标系定义方式，请简要画出其示意图。

任务五　示教装配工作站程序

通过对搬运机器人进行示教，将料盘上的料芯装配到输送带托盘上的工件中，完成完整的机器人示教、再现过程。

【知识准备】

装配工作站仿真

一、示教前准备

开始示教前，应做以下准备：把动作模式设定为示教模式、输入程序名。

1）确认示教编程器上的模式旋钮对准"TEACH"，设定为示教模式。

2）按［伺服准备］键。伺服电源接通的灯开始闪烁。如果不按［伺服准备］键，即使按住安全开关，伺服电源也不会接通。

3）在主菜单选择"程序"，然后在子菜单选择"新建程序"。

4）显示新建程序画面后，按［选择］键。

5）显示字符输入画面后，输入程序名。现以"TEST"为程序名举例说明如下：把光标移到字母"T"上,按【选择】键,选中"T",用同样的方法再选择"E"、"S"、"T"。也可以用手指直接在显示屏上点"T"、"E"、"S"、"T",输入程序名。

6) 按【回车】键进行登录

7) 光标移动到"执行"上,按【选择】键,程序"TEST"被登录,画面上显示该程序,"NOP"和"END"命令自动生成。

二、示教的基本步骤

为了使机器人能够进行再现,就必须把机器人运动命令编成程序。控制机器人运动的命令就是移动命令。在移动命令中,记录有移动到的位置、插补方式、再现速度等。因为DX100所使用的INFORMIII语言主要的移动命令都以"MOV"开头,所以也把移动命令叫做"MOV命令"。

命令使用示例如下所示。

MOVJ VJ=50.00——机器人采用关节运动方式以50%基准速度运动到指定点

MOVL V=1122 PL=1——机器人采用直线运动方式以1122mm/s运动到指定点,位置精度为1级

当再现图1-53所示程序内容时,机器人按照程序点1的移动命令中输入的插补方式和再现速度移动到程序点1的位置。然后,在程序点1和2之间,按照程序点2的移动命令中输入的插补方式和再现速度移动。同样,在程序点2和3之间,按照程序点3的移动命令中输入的插补方式和再现速度移动。当机器人到达程序点3的位置后,依次执行TIMER命令和DOUT命令,然后移向程序点4的位置。

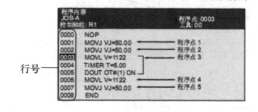

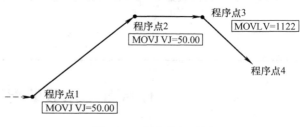

图1-53 命令执行示例

三、示例程序

现在我们来为机器人输入以下从工件A点到B点的加工程序,此程序由1至6的6个程序点组成,如图1-54所示。

1. 程序点1——开始位置示教

把机器人移动到完全离开周边物体的位置,输入程序点1,如图1-55所示。

步骤1:握住安全开关,接通伺服电源,机器人进入可动作状态。

步骤2:用轴操作键把机器人移动到开始位置,开始位置请设置在安全并适合作业准备的位置。

步骤3:按【插补方式】键,把插补方式定为关节插补。输入缓冲显示行中显示关节插补命令"MOVJ..."。界面显示为"MOVJ VJ=0.78"。

步骤4:光标放在行号0000处,按【选择】键。

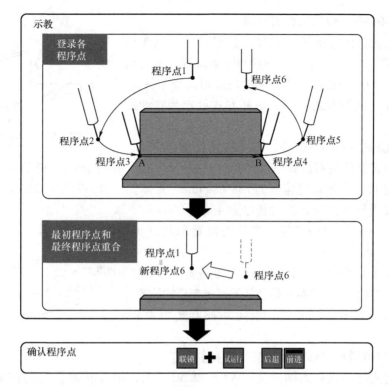

图 1-54 机器人示教示例

步骤 5：把光标移到右边的速度"VJ＝＊.＊＊＊"上，按【转换】键的同时按光标键，设定再现速度。试设定速度为 50%。

步骤 6：按【回车】键，输入程序点 1（行 0001）。

2. 程序点 2——作业开始位置附近示教

步骤 1：用轴操作键，使机器人姿态成为作业姿态，如图 1-56 所示。

步骤 2：按【回车】键，输入程序点 2（行 0002）。

图 1-55 开始位置

3. 程序点 3——作业开始位置示教

保持程序点 2 的姿态不变，移向作业开始位置，如图 1-57 所示。

步骤 1：按手动速度【高】或【低】键，直到在状态显示区域显示中速。

步骤 2：保持程序点 2 的姿态不变，按【坐标】键，设定机器人坐标系为直角坐标系，用轴操作键把机器人移到作业开始位置。

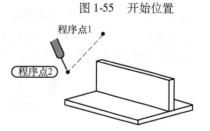

图 1-56 作业开始位置附近

步骤 3：光标在行号 0002 处，按【选择】键。

步骤 4：把光标移到右边的速度"VJ＝＊.＊＊＊"上，按【转换】键的同时按光标键上下，设定再现速度。直到设定速度为 12.50%。

步骤 5：按【回车】键，输入程序点 3（行 0003）。

4. 程序点 4——作业结束位置示教

步骤 1：用轴操作键把机器人移动到焊接作业结束位置，如图 1-58 所示。从作业开始位置到结束位置，不必精确沿焊缝移动，为了不碰撞工件，移动轨迹可远离工件。

步骤 2：按【插补方式】键，插补方式设定为直线插补（MOVL）。

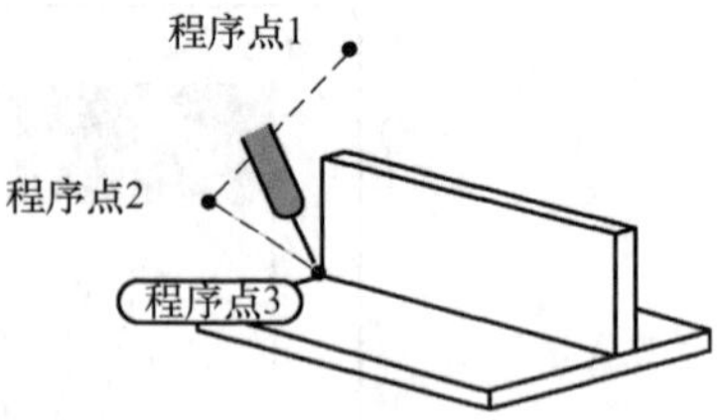

步骤 3：光标在行号 0003 处，按【选择】键。

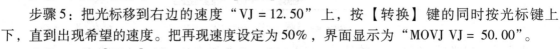

图 1-57 作业开始位置

步骤 4：把光标移到右边的速度"V = *.* *"上，按［转换］键的同时按光标键上下，设定再现速度，直到设定速度为 138 cm/min。显示为"MOVL V = 138"。

步骤 5：按【回车】键，输入程序点 4（行 0004）。

5. 程序点 5——不触碰工件、夹具的位置示教（见图 1-59）

步骤 1：按手动速度【高】键，设定为高速。

步骤 2：用轴操作键把机器人移动到不碰触夹具的位置。

步骤 3：按【插补方式】键，设定插补方式为关节插补（MOVJ）。

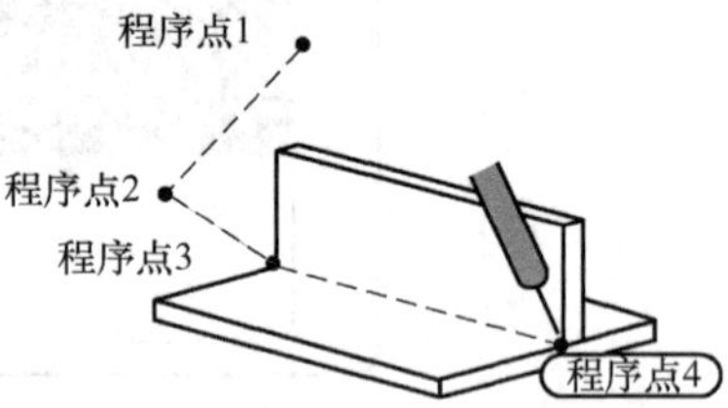

步骤 4：光标在行号 0004 上，按【选择】键。

图 1-58 作业结束位置

步骤 5：把光标移到右边的速度"VJ = 12.50"上，按【转换】键的同时按光标键上下，直到出现希望的速度。把再现速度设定为 50%，界面显示为"MOVJ VJ = 50.00"。

步骤 6：按【回车】键，输入程序点 5（行 0005）。

6. 程序点 6——开始位置附近示教

步骤 1：用轴操作键把机器人移动到开始位置附近，如图 1-60 所示。

步骤 2：按【回车】键，输入程序点 6（行 0006）。

7. 程序点 7——最初的程序点和最后的程序点重合示教

现在，机器人停在程序点 1 附近的程序点 6 处。如果能从焊接结束位置的程序点 5 直接移动到程序点 1 的位置，就可以立刻开始下一个工件的焊接，从而提高工作效率。下面，我们就试着把最终位置的程序点 6 与最初位置的程序点 1 设在同一个位置，如图 1-61 所示。

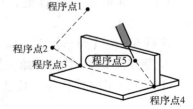

图 1-59 不触碰工件、夹具的位置

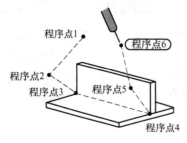

图 1-60 开始位置附近

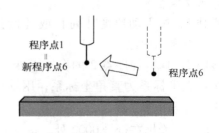

图 1-61 程序点 1 和 6 重合

步骤 1：把光标移动到程序点 1（行 0001）。

步骤 2：按【前进】键，机器人移动到程序点 1。

步骤3：把光标移动到程序点6（行0006）。

步骤4：按【修改】键。

步骤5：按【回车】键，程序点6的位置被修改到与程序点1相同的位置。

8. 完整的程序

完整的程序如图1-62所示。

行	命令	内容说明
0000	NOP	程序开始
0001	MOVJ VJ=50.00	将机器人移动到程序点1
0002	MOVJ VJ=50.00	将机器人移动到程序点2
0003	MOVJ VJ=12.50	将机器人移动到程序点3
0004	MOVL V=138	将机器人移动到程序点4
0005	MOVJ VJ=50.00	将机器人移动到程序点5
0006	MOVJ VJ=50.00	将机器人移动到程序点6
0007	END	程序结束

图1-62 完整的程序

9. 轨迹的确认

在完成了机器人动作程序输入后，运行一下这个程序，以便检查一下各程序点是否有不妥之处。

步骤1：把光标移到程序点1（行0001）。

步骤2：按手动速度的【高】或【低】键，设定速度为中。

步骤3：按【前进】键，通过机器人的动作确认各程序点。每按一次【前进】键，机器人移动一个程序点。

步骤4：程序点确认完成后，把光标移到程序起始处。

步骤5：最后我们来试一试所有程序点的连续动作。按下【联锁】键的同时，按【试运行】键，机器人连续再现所有程序点，一个循环后停止运行。

10. 程序再现

（1）程序再现前的准备　为了从程序头开始运行，请务必先进行以下操作。

① 把光标移到程序开头。

② 用轴操作键把机器人移到程序点1。

再现时，机器人从程序点1开始移动。

（2）再现步骤

步骤1：把示教编程器上的模式旋钮设定在"PLAY"上，成为再现模式。

步骤2：按【伺服准备】键，接通伺服电源。

步骤3：按【启动】键，机器人把示教过的程序运行一个循环后停止。

四、装配机器人手爪与DX100连接

在料芯与工件装配的过程中，使用气动手爪完成料芯和工件的抓取。气动手爪的开合使用电磁阀进行控制。电磁阀与DX100的接口信号如表1-12所示。

表1-12 装配机器人的I/O信号

信号地址	定义的内容
OUT17	手爪夹紧
OUT18	手爪张开

电磁阀的控制子程序如图 1-63 和图 1-64 所示，可在对机器人示教的时候直接调用，完成气动手爪的开合，从而完成装配的过程。

行	命令	内容说明
0000	NOP	程序开始
0001	TIMER T = 0.50	延时 0.5s
0002	DOUT OT# (18) OFF	清除气动手爪张开信号
0003	PULSE OT# (17) T = 1.00	输出气动手爪夹紧信号
0004	WAIT IN# (17) = ON	等待气动手爪夹紧反馈信号
0005	TIMER T = 0.20	延时 0.2s
0006	END	程序结束

图 1-63　气动手爪夹紧子程序 HANDCLOSE

行	命令	内容说明
0000	NOP	程序开始
0001	TIMER T = 0.50	延时 0.5s
0002	DOUT OT# (17) OFF	清除气动手爪夹紧信号
0003	PULSE OT# (18) T = 1.00	输出气动手爪张开信号
0004	WAIT IN# (17) = OFF	等待气动手爪张开反馈信号
0005	TIMER T = 0.20	延时 0.2s
0006	END	程序结束

图 1-64　气动手爪张开子程序 HANDOPEN

【任务实施】

任务书 1-5

姓名		任务名称	示教装配工作站程序
指导教师		同组人员	
计划用时		实施地点	工业机器人实训室
时间		备注	
任务内容			

1. 熟悉工业机器人示教再现的一般过程
2. 对工业机器人装配工作站进行示教
3. 完成下图料芯和工件的装配过程
4. 将装配好的工件放入工件库
5. 撰写总结报告

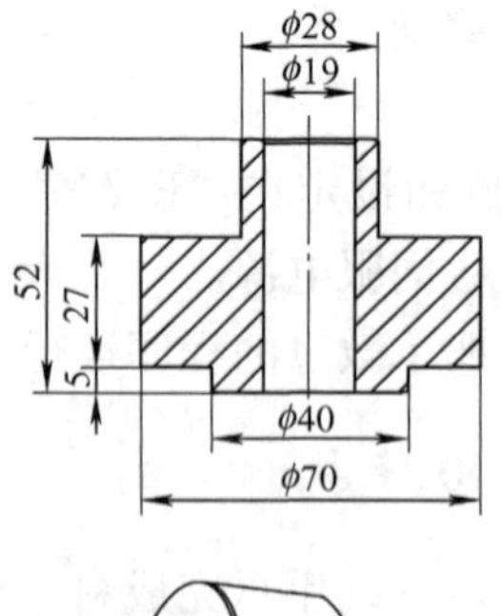

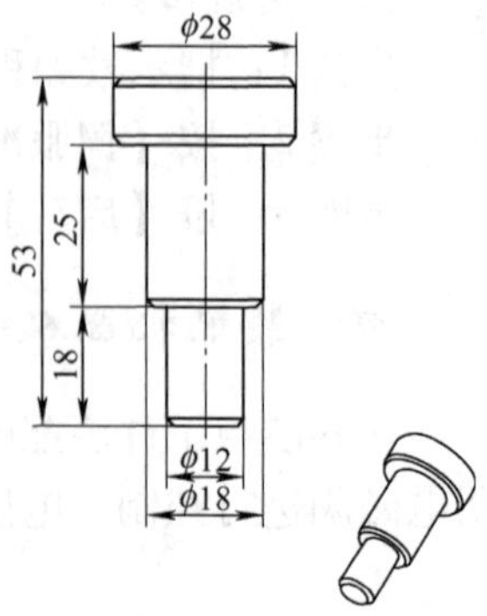

项目一　工业机器人装配工作站现场编程

（续）

考核项目	工业机器人示教、再现一般步骤
	通过示教完成料芯与工件的装配
	通过示教完成装配好的工件入库

资料	工具	设备
工业机器人安全操作规程	常用工具	工业机器人装配工作站
MH6 使用说明书		
工业机器人装配工作站说明书		
DX100 使用说明书		
DX100 操作要领书		

任务完成报告 1-5

姓名		任务名称	示教装配工作站程序
班级		小组成员	
完成日期		分工内容	

按照任务要求对装配机器人进行示教，完成示教过程，画出机器人示教的轨迹，将示教完成的程序记录下来。

【考核与评价】

学生自评表 1　　　　　　　　　　年　月　日

项目名称	工业机器人装配工作站现场编程			
班　级		姓　名	学　号	组　别
评价项目	评价内容		评价结果（好/较好/一般/差）	
专业能力	认识机器人本体和控制柜			
	能说出工业机器人装配工作站各部分功能			
	能够正确地选择机器人的坐标系			
	会使用示教器的功能键			
	通过示教完成料芯和工件的装配			
方法能力	能够遵守安全操作规程			
	会查阅、使用说明书及手册			
	能够对自己的学习情况进行总结			
	能够如实对自己的情况进行评价			
社会能力	能够积极参与小组讨论			
	能够接受小组的分工并积极完成任务			
	能够主动对他人提供帮助			
	能够正确认识自己的错误并改正			
自我评价及反思				

学生互评表 1　　　　　　　　　　年　月　日

项目名称	工业机器人装配工作站现场编程		
被评价人	班　级	姓　名	学　号
评 价 人			
评价项目	评价标准	评价结果	
团队合作	A. 合作融洽		
	B. 主动合作		
	C. 可以合作		
	D. 不能合作		
学习方法	A. 学习方法良好，值得借鉴		
	B. 学习方法有效		
	C. 学习方法基本有效		
	D. 学习方法存在问题		

(续)

评价项目	评价标准	评价结果
专业能力 （勾选）	认识机器人本体和控制柜	
	能说出工业机器人装配工作站各部分功能	
	能够正确地选择机器人的坐标系	
	会使用示教器的功能键	
	通过示教完成料芯和工件的装配	
综合评价		

教师评价表1　　　　　　　　年　　月　　日

项目名称	工业机器人装配工作站现场编程		
被评价人	班级　　　　　姓名　　　　　学号		
评价项目	评价内容		评价结果（好/较好/一般/差）
专业 认知能力	认识机器人本体和控制柜		
	能说出工业机器人装配工作站各部分功能		
	能够说出示教编程器各按键的含义		
	能够说出各坐标系的功能及坐标轴的定义		
	能够理解任务要求的含义		
专业 实践能力	会使用示教器的各功能键		
	能够正确选择机器人的坐标系		
	能够对机器人示教完成料芯与工件装配过程		
	能够正确地使用设备和相关工具		
	能够遵守安全操作规程		
	能够正确填写任务报告记录		
社会能力	能够积极参与小组讨论		
	能够接受小组的分工并积极完成任务		
	能够主动对他人提供帮助		
	能够正确认识自己的错误并改正		
	善于表达和交流		
综合评价			

【学习体会】

【思考与练习】

1. 简要描述工业机器人装配工作站系统基本构成及作用。
2. 简述安川电机工业机器人坐标系种类及应用场合。
3. 工业机器人示教再现一般步骤。
4. 通过网络等手段，查询国内机器人市场主要生产企业，并撰写报告。
5. 通过网络查询我国工业机器人取得的成就及与国外的差距，阅读《"十四五"机器人产业发展规划》政策文件，列出工业机器人重点发展方向。

项目二 工业机器人CNC上下料工作站现场编程

数控机床现在已经成为企业生产中必不可少的设备,将工业机器人与其结合,可以有效地节约人力成本,提高生产效率。本项目以工业机器人CNC上下料工作站为例,介绍其系统构成及快速上下料的方法。

【学习目标】

知识目标:
1) 熟悉CNC上下料系统的基本构成。
2) 熟悉DX100程序操作的相关知识。
3) 掌握工业机器人中用户坐标系的相关知识。
4) 熟悉工业机器人与外部接口的相关知识。

能力目标:
1) 根据现有系统编写系统说明书。
2) 能够熟练进行程序的新建、复制、剪切、删除等操作。
3) 能够熟练设置用户坐标系。
4) 能够编程实现工件的上料、下料及入库操作。

【工作任务】

任务一　认识CNC上下料工作站
任务二　建立CNC上下料工作站程序
任务三　设定CNC上下料用户坐标系
任务四　示教CNC上下料工作站程序

任务一　认识CNC上下料工作站

本任务介绍CNC上下料的不同方式、构成及特点,并以工业机器人CNC上下料工作站为例,介绍一种典型的关节式机器人进行机床上下料的应用,学习完成后,可以针对现有系统,撰写基本项目方案。

【知识准备】

一、工业机器人在机床上下料领域的应用

由于生产力水平的提高与科学技术的日益进步,工业机器人得到了更为广泛的应用,正

向着高速度、高精度、轻质、重载、高灵活性和高可靠性的方向发展。在工业生产中，机器人已经广泛应用于涂、焊、拆装、码垛、搬运、包装等作业。与此同时，数控机床在机械制造领域的应用也日益广泛。数控机床自从 20 世纪 50 年代问世以来，发展迅速，在发达国家的机床业总产值中已占大部分，其应用范围已从小批量生产扩展到大批量生产的领域。现在，部分发达国家，例如日本、美国、西班牙等国家，已经在数控机床数控系统的控制下，实现了零件加工过程的柔性自动化。我国大多数工厂的生产线上，数控机床装卸工件仍由人工完成，其生产效率低、劳动强度大，而且具有一定的危险性，已经满足不了生产自动化的发展需求。为了提高工作效率，降低成本，并使生产线发展成为柔性制造系统，适应现代机械行业自动化生产的要求，有必要针对具体生产工艺，结合机床的实际结构，利用机械手技术，设计出用一台上下料机械手代替人工工作，从而提高劳动生产率。因为机械手能代替人类完成重复、枯燥、危险的工作，减轻人类劳动强度，提高工作效率，以至于机械手得到了越来越广泛的应用，在机械行业中它可用于加工工件的搬运、装卸、零部件组装，尤其是在自动化数控机床、组合机床上使用更为普遍。目前，机械手已发展成为柔性制造系统（FMS）和柔性制造单元（FMC）中一个重要组成部分。将机床设备和机械手组合成一个柔性制造单元或柔性加工系统，它适应于中、小批量生产，可以节省庞大的工件输送装置，而且结构紧凑，适应性很强。当工件变更时，柔性生产系统很容易改变，有利于企业不断加工生产新的品种，提高产品质量与生产率，更好地适应市场竞争的需要。

二、上下料系统类型

对于特别复杂的零件，往往需要多个工序的加工，甚至还要增加一些检测、清洗、试漏、压装和去毛刺等辅助工序，还有可能和锻造、齿轮加工、旋压、热处理和磨削等工序的设备连接起来，就需要组成一个完成复杂零件全部加工内容的自动化生产线。

因为自动化生产线会有不同种类的设备，所以通过桁架式的机械手、关节机器人和自动物流等自动化方式组合起来，从而实现从毛坯进去一直到成品工件出来的全自动化加工。

1. 桁架式机械手

对于一些结构简单的零部件加工，通常的加工都不超过两个工序就可以全部完成的自动化加工单元，这个单元就采用一个桁架式的机械手配合几台机床和一个到两个料仓组成，如图 2-1 所示。

桁架式机器人由多维直线导轨搭建而成，如图 2-2 所示。直线导轨由精制铝型材、齿形带、直线滑动导轨和伺服电动机等组成。作为运动框架和载体的精制铝型材，其截面形状通过有限元分析法来优化设计，生产中的精益求精确保其强度和直线度。采用轴承光杠和直线滑动导轨作为运动导轨。运动传动机构采用齿形带、齿条或滚珠丝杠。

桁架式机器人的空间运动是用三个相互垂直的直线运动来实现的。由于直线运动易于实现全闭环的位置控制，所以，桁架式机器人有可能达到很高的位置精度（μm 级）。但是，这种桁架式机器人的运动空间相对机器人的结构尺寸来讲，是比较小的。因此，为了实现一定的运动空间，桁架式机器人的结构尺寸要比其他类型的机器人的结构尺寸大得多。桁架式机器人的工作空间为一空间长方体。

桁架式机器人机械手主要由 3 个大部件和 4 个电动机组成：①手部，采用丝杆螺母结构，通过电动机带动实现手爪的张合；②腕部，采用一个步进电动机带动蜗轮蜗杆实现手部

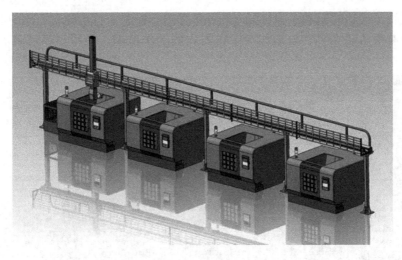

图 2-1　桁架式机械手工作示意

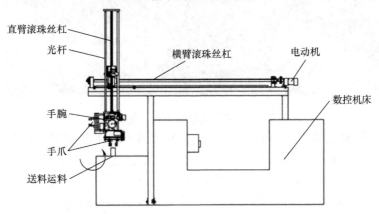

图 2-2　桁架式机械手结构示意图

回转 90°~180°；③臂部，采用滚珠丝杠，电动机带动丝杆使螺母在横臂上移动来实现手臂平动，带动丝杆螺母使丝杆在直臂上移动实现手臂升降。

2. 关节式工业机器人

对于一些由多个工序加工，而且工件的形状比较复杂的情况下，可以采用标准关节型机器人配合供料装置组成一个自动化加工单元。一个机器人可以服务于多个加工设备从而节省自动化的成本。关节机器人有 5~6 轴的自由度，适合几乎任何轨迹或角度的工作，对于客户厂房高度无要求。关节机器人可以安装在地面，也可以安装在机床上方，对于数控机床设备的布局可以自由组合，常用的安装方式有"地装式机器人上下料"（岛式加工单元）、"地装行走轴机器人上下料"（机床成直线布置）、"天吊行走轴机器人上下料"（机床成直线布置）三种，均可以通过长时间连续无人运转实现制造成本的削减，以实现通过机器人化实现质量的稳定。

（1）地装式机器人上下料　地装式机器人上下料是一种应用最广泛的形式，也称"岛式加工单元"，该系统以六轴机器人为中心岛，机床在其周围作环状布置，进行设备件的工件转送。集高效生产、稳定运行、节约空间等优势于一体，适合于狭窄空间场合的作业。

（2）地装行走轴机器人上下料　如图 2-3 所示的地装行走轴机器人上下料系统中，配备了一套地装导轨，导轨的驱动作为机器人的外部轴进行控制，行走导轨上面的上下料机器人运行速度快，有效负载大，有效地扩大了机器人的动作范围，使得该系统具有高效的扩展性。

图 2-3　地装行走轴机器人上下料系统

（3）天吊行走轴机器人上下料　天吊行走轴机器人上下料系统，也称"Top mount 系统"，如图 2-4 所示，具有普通机器人同样的机械和控制系统，和地装机器人拥有同样实现复杂动作的可能。区别于地装式，其行走轴在机床上方，拥有节约地面空间的优点，且可以轻松适应机床在导轨两侧布置的方案，缩短导轨的长度。和专机相比，不需要非常高的车间空间，方便行车的安装和运行。可以实现单手抓取 2 个工件的功能，节约生产时间。

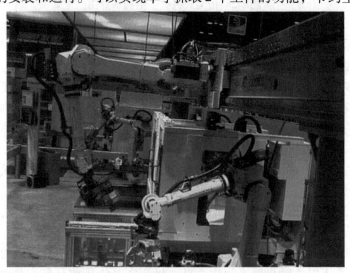

图 2-4　天吊行走轴机器人上下料系统

三、上下料系统构成

典型的工业机器人数控机床上下料工作站系统如图 2-5 所示。主要的组成部分包括工业机器人、数控机床、工件或夹具抓取手爪、周边设备及系统控制器等。为了适应工业机器人自动上下料,需要对数控机床进行一定的改造,包括门的自动开关、工件的自动夹紧等。工业机器人与数控机床之间的通信方式根据各系统的不同,也有所区别。对于信号较少的系统,可以直接使用 I/O 信号线进行连接,至少要包括门控信号、装夹信号、加工完成信号等。对于信号较多的系统,可以使用现场总线、工业以太网等方式进行通信。

系统控制器在数控机床上下料系统中也经常使用。随着企业自动化程度的提高,数控机床及工业机器人作为自动生产线的一个环节,这样就需要和上位系统进行有效的连接。系统控制器的作用主要负责各个部件动作的协调管理、各个子系统之间的连接、传感信号的处理、运动系统的驱动等。

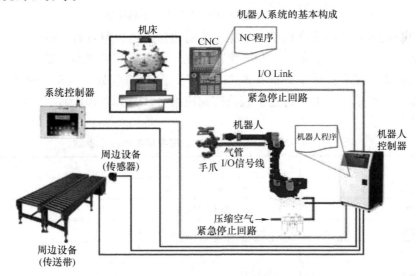

图 2-5 工业机器人数控机床上下料工作站系统构成

四、安川电机 MH6 机器人上下料系统介绍

下面介绍一个具体的工业机器人数控机床上下料系统,如图 2-6 所示。主要构成包括:MH6 工业机器人、TOM-ZH540B 钻削中心、手爪、工件立体仓库等。

1. TOM-ZH540B 钻削中心

TOM-ZH540B 钻削中心搭配先进的 SIEMENS 828D CNC 控制器,具有 X 轴、Y 轴、Z 轴三个数控轴,各坐标轴可自动定位,具有高精、高速、高效、连续加工、操作简易、可靠安全等特点。可选配数控转台实现四轴控制,也可选配数控双轴转台实现五轴控制。全封闭防护装置,造型美观。采用绝对编码器无需开机回零点,避免了回零可能产生的累积误差。

该机床适合用于铣、钻、扩、镗、刚性攻丝等加工工序,用途广泛,特别适用于加工各种形状复杂的二、三维凹凸模型及复杂的型腔和表面,塑胶及五金模具以及孔系较多的小型零件的生产加工,更适于企业批量零件的加工。特殊设计的高刚性主轴,除了大幅增加切削能力,还能保证精致的加工表面效果。辐射式刀库具有换刀速度快、动作顺畅等特性。由于

图 2-6 安川电机 MH6 机器人上下料系统

机床坐标可以自动定位,因而在该机床加工时不需钻镗模具,即可直接钻镗孔且能保证孔距加工精度,因而节省了工艺装备,缩短了生产周期,从而降低了成本,提高了经济效益。由于该机床加工的高质量和高效率,已在航空、航天、高精密模具、汽车、机车、仪器仪表、轻工轻纺、电子、通信、家电等行业中获得广泛应用。TOM-ZH540B 钻削中心主要规格、技术参数如表 2-1 所示。

表 2-1 TOM-ZH540B 钻削中心主要规格、技术参数

序号	项目	内容
1	工作台尺寸(长×宽)	600mm×400mm
2	T 形槽宽	3×14mm(槽距 100mm)
3	各轴行程	X:500mm;Y:400mm;Z:300mm
4	工作台承重	250kg
5	可控制轴数	三轴联动
6	主轴系统	主轴电动机:交流伺服电动机 电动机功率:主电动机额定功率 5.5kW 主轴转速:0~10000rad/min 主轴锥孔:BT30 主轴冷却方式:油冷 主传动方式:直联 主变速方式:无级变速 主轴前后轴承精度等级:P4 轴承润滑方式:KLUBRNBU15 油脂
7	驱动系统	三轴进给电动机:交流伺服电动机 丝杠精度等级:C3(直径 X、Y:φ25mm Z:φ36mm)
8	快速移动速度	X、Y、Z 轴:0~48000mm/min
9	进给速度	X、Y、Z 轴:0~15000mm/min

（续）

序号	项目	内容						
10	机床精度/mm	定位精度	JIS 标准	X	±0.004	重复定位精度	JIS 标准	X	±0.002
				Y	±0.004			Y	±0.024
				Z	±0.004			Z	±0.002
			GB 标准	X	0.008		GB 标准	X	0.006
				Y	0.008			Y	0.006
				Z	0.008			Z	0.006
11	主轴轴线到立柱导轨面距离	450mm						
12	主轴端面到工作台面距离	155~455mm						
13	电气柜	电气控制箱密封						
14	润滑油分配方式	定量分配						
15	冷却箱容积	100L						
16	冷却液最大压力	0.4MPa						
17	冷却液最大流量	50L/min						
18	功耗	22kVA						
19	气源标定气压	0.5MPa						
20	可用气压范围	0.45~0.6MPa						
21	气源流量	0.6~0.9m³/min						
22	刀库型式	辐射式 BT30-16T						
23	刀库容量	16把						
24	刀具最大直径	φ60mm（邻位无刀时可为φ80mm）						
25	换刀时间	1.6s						
26	刀具最长长度	250mm						
27	刀具最大重量	3kg						
28	机床净重	3000kg						
29	工作环境	环境温度	0~40℃					
		电源	380（1±10%）V，三相（50±1）Hz					
		相对湿度	≤80%					

2. 工件立体仓库

工件立体仓库用于存放待加工工件，立体仓库分两层四列共8个存储单元，编号分别为1~8，每个存储单元配置一个光电传感器用于检测工件的有无。工件立体仓库如图2-7所示。存储单元排列顺序如图2-8所示。

图2-7 工件立体仓库　　　　　图2-8 工件立体仓库编号

【任务实施】

任务书 2-1

姓名		任务名称	认识 CNC 上下料工作站
指导教师		同组人员	
计划用时		实施地点	工业机器人仿真实训室
时间		备注	
任务内容			
1. 认识机床上下料领域自动化需求 2. 熟悉机床上下料系统类型 3. 认识工业机器人机床上下料系统构成 4. 认识工业机器人机床上下料系统各组成部分功能			
考核项目	通过网络查询 CNC 上下料相关资料		
	比较目前各种 CNC 自动上下料方式优缺点		
	描述工业机器人 CNC 自动上下料系统各部分功能		
	通过网络查询各机器人公司用于 CNC 自动上下料机器人的性能特点		
	使用 PPT 汇报一种类型 CNC 自动上下料典型系统应用		
	资料	工具	设备
	工业机器人安全操作规程	常用工具	
	MH6 使用说明书		
	工业机器人 CNC 上下料工作站说明书		工业机器人 CNC 上下料工作站
	TOM-ZH540B 钻削中心说明书		
	SIEMENS 828D 技术手册		

任务完成报告 2-1

姓名		任务名称	认识 CNC 上下料工作站
班级		小组成员	
完成日期		分工内容	

1. 比较目前各种 CNC 自动上下料方式优缺点。

2. 通过网络查询工业机器人相关知识,列举各机器人公司用于 CNC 自动上下料机器人的性能特点。

3. 描述工业机器人 CNC 自动上下料系统各部分功能。

任务二 建立 CNC 上下料工作站程序

在 CNC 上下料的过程中,工件在 CNC 中的位置是固定的,在料库中存放的位置可能有多个。在对工业机器人进行示教的过程中,通过程序的复制、粘贴、剪切、删除等操作,可以有效地提高示教速度。

【知识准备】

一、程序的登录

进行一次新的示教任务,首先要登录程序的名称。程序名称最多可输入半角 32 个字(全角 16 个字),可使用的文字包括数字、英文字母、符号、片假名、平假名、汉字。程序名称可混合使用这些文字符号。输入的程序名称已被使用时,则变成输入错误。程序名称登录的步骤如下:

步骤 1:选择主菜单中的【程序】,显示主菜单【程序】中的子菜单,如图 2-9 所示。

图 2-9 主菜单【程序】中的子菜单

步骤 2:选择【新建程序】,显示新建程序画面,如图 2-10 所示。

步骤 3:输入程序名称。光标与程序名称对齐,按"选择",出现字符输入画面,如图 2-11 所示,用文字输入程序名称,然后按【回车】。

步骤 4:输入注释。注释最多可输入 32 个字符、半角,可使用数字、英文大小写字母、符号和汉字。在新建程序画面,将光标对准注释,按【选择】,用文字输入方式输入注释,输入完毕后,按【回车】。

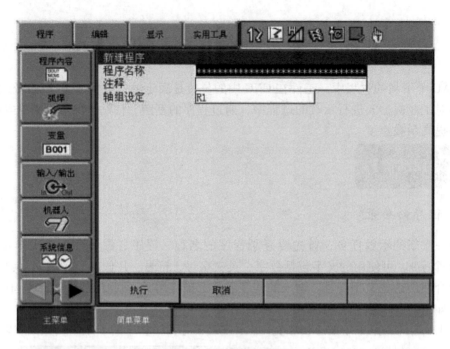

图 2-10　新建程序画面

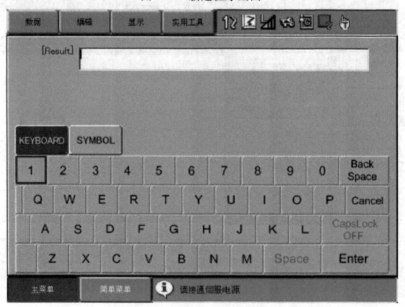

图 2-11　文字输入画面

步骤 5：控制组的登录。控制组可事先从登录的控制组中选择。若系统没有外部轴（基座轴、工装轴）或者多台机器人时，控制组就无需设定。

步骤 6：进入示教画面。程序名称、注释（可省略）、控制组设定后，向示教画面转移。在新建程序画面，或者按【回车】或者选择【执行】。输入的程序名称被登录后，显示程序内容画面。NOP 与 END 命令自动登录，如图 2-12 所示。

步骤 7：对机器人进行示教，登录各位移点和相应的作业命令，完成示教。

图 2-12 初始示教画面

二、插补方法和再现速度的种类

再现运行机器人时,决定程序点与程序点间以何种轨迹移动的方法叫插补方法。程序点与程序点间的移动速度就是再现速度。通常位置数据、插补方法、再现速度的 3 个数据同时被登录到机器人轴的程序点中。示教时,若省略设定插补方法或再现速度,会自动登录与上一次完全相同的设定。DX100 的插补方式和再现速度如表 2-2 所示。

表 2-2 DX100 的插补方式和再现速度

序号	插补方式	移动说明	再现速度	移动方式
1	MOVJ (Move Joint) 关节插补	在未决定采取何种移动方式时,使用的移动方式	VJ = 0.01% ~ 100%	
2	MOVL (Move Linear) 直线插补	以控制点为中心,直线移动	V = 0.1 ~ 1500.0mm/sec V = 1 ~ 9000cm/min	
3	MOVC (Move Circular) 圆弧插补	必须取三点的程序点来进行移动。三点以上的程序点也可以进行移动	V = 0.1 ~ 1500.0mm/sec V = 1 ~ 9000cm/min	

(续)

序号	插补方式	移动说明	再现速度	移动方式
4	MOVS （Move Spline） 自由曲线插补	移动方式是抛物线的移动方式，但必须取三点或三点以上的程序点来进行移动	V = 0.1 ~ 1500.0mm/sec V = 1 ~ 9000cm/min	

三、程序的编辑

程序有以下四种编辑方式：

复制：将指定范围复制在缓冲区内。

剪切：从程序中剪切指定的范围，复制到缓冲区内。

粘贴：将缓冲区的内容插入程序内。

反转粘贴：将缓冲区的内容逆顺序插入程序内。

程序的编辑如图 2-13 所示。

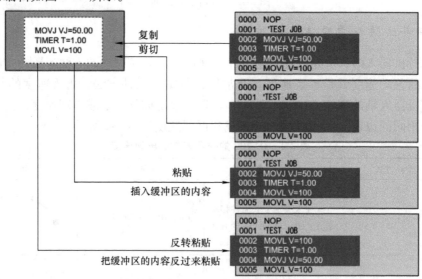

图 2-13　程序的编辑

1. 范围的选择

复制与剪切选择范围后即可进行。范围的选择按照以下步骤进行。

步骤 1：在程序内容画面，将光标移至命令区，如图 2-14 所示。

步骤 2：在开始行按【转换】+【选择】，开始范围指定，地址区反转显示，如图 2-15 所示。

步骤 3：将光标向结束行移动。移动光标，区间范围变动，光标覆盖到的行即为指定范围。

2. 编辑操作

项目二 工业机器人CNC上下料工作站现场编程

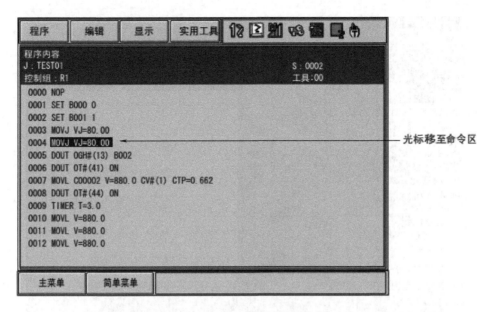

图 2-14 光标移动到要编辑的位置

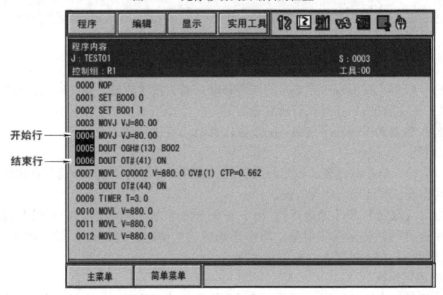

图 2-15 选定开始行和结束行

在编辑前，先按照以上步骤选择好编辑范围。编辑步骤如下。

步骤1：选择菜单的【编辑】，显示下拉菜单，如图 2-16 所示。

步骤2：选择相应的编辑操作命令。在选定编辑范围后，可以执行复制和剪切命令。在选定程序范围进行复制或剪切操作后，可以在光标选定的位置执行粘贴或反转粘贴的操作。

四、程序点的确认

1. 前进后退的操作

示教后的程序点位置是否合适，可用示教盒上的【前进】与【后退】进行确认。

· 61 ·

图 2-16 编辑子菜单显示

持续按下【前进】与【后退】键时，机器人可一个点一个点地动作。

【前进】：机器人按照程序点编号的顺序移动。若只按【前进】键，则只执行移动命令。

【联锁】+【前进】：连续执行所有命令。

【后退】：机器人按照程序点编号的反顺序移动。只执行移动命令。

2. 试运行

所谓试运行，是在示教模式不变的条件下模拟再现动作的功能。该功能在连续轨迹、各种命令的动作确认时使用，非常方便。

试运行用【联锁】和【试运行】。出于安全上的考虑，这些按键只有在同时按下期间，机器人按照这样的轨迹运动。但是，动作开始后，即使离开【联锁】键，动作仍然持续。若离开【试运行】键，机器人立刻停止运动。

3. 机械锁定运行

若使【机械锁定运行】有效，可在机器人停止运动的状态下，执行前进/后退、试运行的动作，对与输入输出有关的状态进行确认。机械锁定运行设定步骤如下。

步骤 1：按区域键。

步骤 2：选择【实用工具】。

步骤 3：选择【设定特殊运行】，显示示教特殊运行设定画面。

步骤 4：选择【机械锁定运行】，按【选择】键，实现有效／无效转换。

【任务实施】

任务书 2-2

姓名		任务名称	建立 CNC 上下料工作站程序
指导教师		同组人员	
计划用时		实施地点	工业机器人实训室
时间		备注	
任务内容			

如图 a 所示机器人运行轨迹，次序为程序点 1→程序点 2→程序点 3→程序点 4→程序点 5→程序点 6→程序点 7→程序点 8，给定的程序如图 b 所示，现要求参考图 a 的轨迹，按照图 c 的要求，新建程序，对机器人进行示教，并试运行。

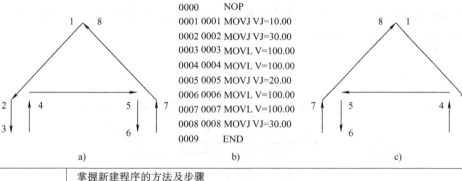

考核项目	掌握新建程序的方法及步骤
	掌握程序复制、粘贴、剪切的方法及步骤
	能根据现有程序，采用复制、粘贴等方法构建新的程序

资料	工具	设备
工业机器人安全操作规程	常用工具	工业机器人 CNC 上下料工作站
MH6 使用说明书		
工业机器人 CNC 上下料工作站说明书		

任务完成报告 2-2

姓名		任务名称	建立 CNC 上下料工作站程序
班级		小组成员	
完成日期		分工内容	

1. 编写按照给定轨迹示教后的机器人程序。

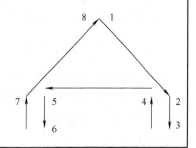

2. 简要描述示教的步骤。

任务三　设定 CNC 上下料用户坐标系

机器人空间位置使用坐标系来表示，在不同的场合可以使用不同的坐标系。安川电机工业机器人系统典型的坐标系系统包括：关节坐标系、直角坐标系、圆柱坐标系、工具坐标系、用户坐标系等。在一些特殊场合，使用用户坐标系可以很方便地对机器人进行示教，使机器人手部执行机构快速地到达指定点。

【知识准备】

一、用户坐标的定义

用户坐标是以操作机器人示教三个点来定义的，如图 2-17 所示。ORG、XX、XY 为三个定义点。这三个点的位置数据被输入用户坐标文件。

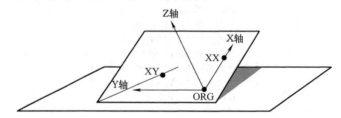

图 2-17　用户坐标定义点

ORG 为原点，XX 为 X 轴上的点。XY 为用户坐标 Y 轴一侧 XY 面上的示教点，此点定位后可以决定 Y 轴和 Z 轴的方向。

在示教时，ORG 和 XX 两点需要准确示教，否则会引起较大的误差。

用户坐标最多可输入 63 个，每个用户坐标有一个坐标号（1~63），作为一个用户坐标文件被调用。

二、用户坐标文件的选择

用户坐标文件选择按照如下步骤进行。

步骤 1：选择主菜单的"机器人"。

步骤 2：选择"用户坐标"，显示用户坐标画面，如图 2-18 所示。

用户坐标已被设定的情况下，"设置"显示为"●"。确认设定的坐标值时，选择菜单的"显示"→"坐标数据"。显示用户坐标值画面，如图 2-19 所示。

步骤 3：选择想要的用户坐标号码。

三、用户坐标的示教

用户坐标的示教按照如下步骤进行。

步骤 1：选择机器人。如果是一台机器人或已选择了机器人时，将不必进行此项操作。选择用户坐标示教画面的"＊＊"，从选择对话框中选择对象机器人。对象机器人设定完成，如图 2-20 所示。

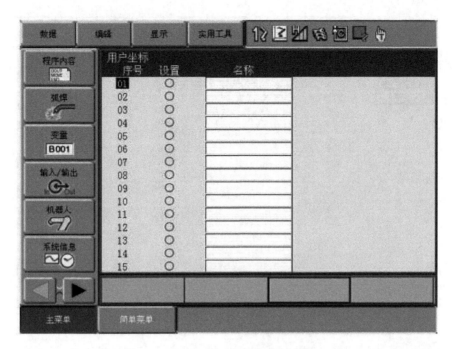

图 2-18 用户坐标画面

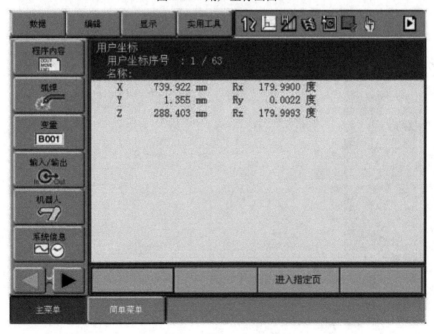

图 2-19 用户坐标值画面

步骤 2：选择"设定位置"。显示选择对话框，选择示教的设定位置 ORG，如图 2-21 所示。

步骤 3：通过轴操作键将机器人移动到 ORG 位置。

步骤 4：按【修改】、【回车】，登录示教位置。重复步骤 2 至 4 的操作，对 XX、XY 各点进行示教。画面中已示教完成的显示为"●"，未示教的显示为"○"。对 ORG、XX、

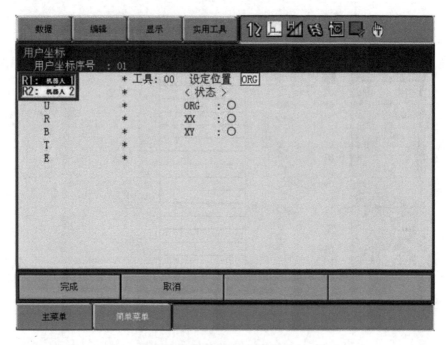

图 2-20 机器人对象选择

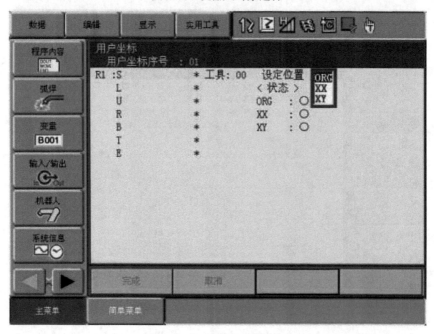

图 2-21 设定位置选择画面

XY 三点示教完成后,如图 2-22 所示。

示教完成后,需要对 ORG、XX、XY 三点进行进一步确认,在用户坐标设定画面中选择想要确认的设定位置,然后按【前进】键使机器人向该位置移动。当机器人当前位置与画面中显示的位置数据不同时,设定位置的 "ORG"、"XX"、"XY" 为闪烁状态。

步骤 5:选择"完成",即建立完用户坐标,用户坐标文件登录。文件登录完成将显示用户坐标画面，如图 2-23 所示。

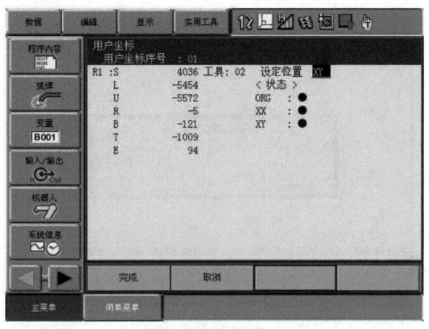

图 2-22　三示教点示教完成画面

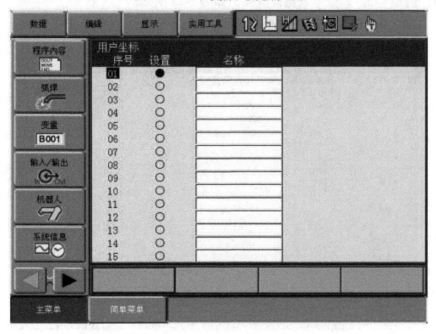

图 2-23　用户坐标画面

四、用户坐标数据的清除

用以下操作，登录的用户坐标就被清除。
步骤 1：选择菜单下的"数据"。

步骤2：选择"清除数据"，显示确认对话框，如图2-24所示。

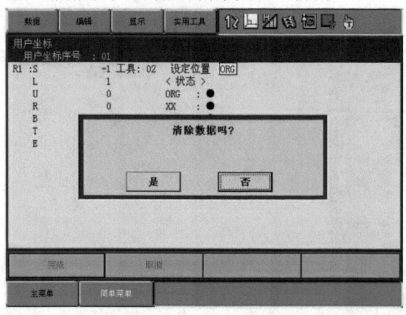

图2-24　用户坐标数据删除确认画面

步骤3：选择"是"，全部数据被清除，如图2-25所示。

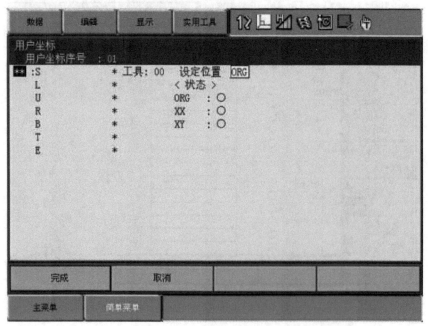

图2-25　用户坐标数据清除后画面

项目二　工业机器人CNC上下料工作站现场编程

【任务实施】

任务书 2-3

姓名		任务名称	设定 CNC 上下料用户坐标系
指导教师		同组人员	
计划用时		实施地点	工业机器人实训室
时间		备注	
任务内容			

　　按照图示要求，设置 CNC 上下料工作站用户坐标系。通过示教器选取设定的坐标，并手工移动机器人，观察比较用户坐标系和直角坐标系的区别。

考核项目	描述机器人坐标系的作用
	描述安川电机机器人各坐标系的区别
	用户坐标系的设定步骤
	通过网络等方式查询 ABB 机器人坐标系类型

资料	工具	设备
工业机器人安全操作规程	常用工具	
MH6 使用说明书		
工业机器人 CNC 上下料工作站说明书		工业机器人 CNC 上下料工作站

任务完成报告 2-3

姓名		任务名称	设定 CNC 上下料用户坐标系
班级		小组成员	
完成日期		分工内容	

1. 简述机器人坐标系的作用。

（续）

2. 按照图示要求，设定 CNC 上下料工作站用户坐标系，简要说明设定步骤。

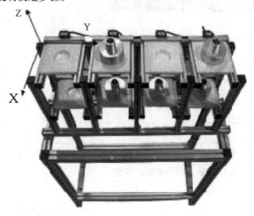

3. 简要描述安川电机机器人坐标系类型及区别。

4. 通过网络查找并列举埃夫特工业机器人坐标系类型。

任务四　示教 CNC 上下料工作站程序

在 CNC 上下料的过程中，工业机器人在料库、CNC、成品库之间来回运动，在料库取料和成品库放料的过程中，工业机器人常需要完成堆垛的动作。使用安川电机设计的特殊平移指令完成对 CNC 上下料工作站的示教，可以提高工业机器人的示教效率。

【知识准备】

一、平行移动功能

工业机器人对 CNC 进行上下料的工作过程中，工件的存放一般是以一定的方式进行排列，有的是以料库的形式存在，有的是进行堆垛摆放。因此在机器人示教的过程中，需要使用一种便捷的方式，对于排列有一定规律的工件或物料的抓取进行示教，这就是我们即将介绍的平行移动功能。

上下料工作站
仿真1

平行移动功能是指对象物的各点进行等距离的移动。如图2-26所示，通过将示教位置A（机器人可识别的XYZ三维变位）分别平行移动距离L，可实现在B～G中执行A点示教的作业。

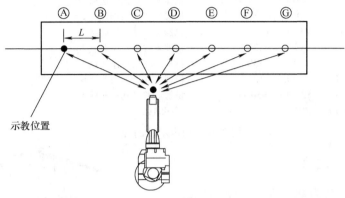

图2-26 平行移动应用示例

如图2-27所示，要求机器人从1点依次移动到6点，中间经过2、3、4、5点。每两点之间的距离是相等的，通过使用平行移动功能对机器人系统进行示教。

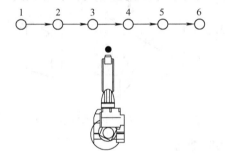

图2-27 平行移动功能应用

上下料工作站仿真2

二、对系统进行初步示教

选取直角坐标系，从机器人的作业原点出发，依次对1～6点的位置进行示教，点与点之间的距离不需要十分精确，可以进行快速示教，如图2-28所示。

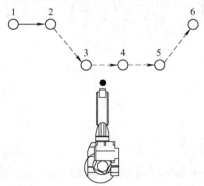

图2-28 平行移动的初步示教

初步示教的程序如图2-29所示。

行	程序	内容说明
0000	NOP	程序开始
0001	MOVJ VJ=50.00	将机器人移动到作业原点位置
0002	MOVJ VJ=50.00	机器人移动到作业点1
0003	MOVL V=138	机器人移动到作业点2
0004	MOVL V=138	机器人移动到作业点3
0005	MOVL V=138	机器人移动到作业点4
0006	MOVL V=138	机器人移动到作业点5
0007	MOVL V=138	机器人移动到作业点6
0008	MOVJ VJ=50.00	机器人移动到作业原点
0009	END	程序结束

图 2-29　初步示教的程序

三、移动量的建立

平行移动的移动距离就是各坐标系 X、Y、Z 的增加值。坐标系有 4 种，分别是基座坐标、机器人坐标、工具坐标和用户坐标，如图 2-30 所示。在没有基座轴的系统中基座坐标与机器人坐标为同一个坐标。

通常平行移动在用户坐标系进行，移动量的计算在平行移动坐标系的位置数据画面进行。对于本例，没有基座轴，因此选择机器人坐标作为系统的平移坐标，设两点之间的距离为 100mm，平移的方向为 Y 轴的负方向，将以上参数设定在位置变量 P000 中，如图 2-31 所示。

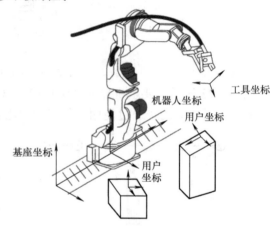

图 2-30　四种坐标系示意

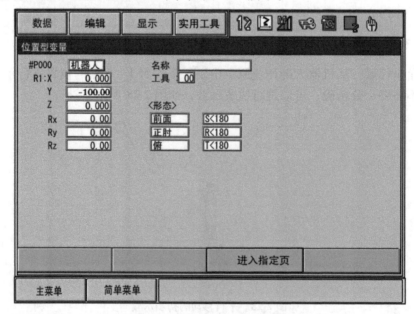

图 2-31　位置变量 P000 设置

四、平移命令的登录

DX100 使用的平移命令有两条：SFTON（机器人平移开始）和 SFTOF（机器人平移结束）。平移的目标点是机器人当前位置的坐标和平移位置变量相叠加后的位置。

1. SFTON 的登录

SFTON 登录的步骤如下所示。

步骤 1：将光标移动至登录 SFTON 命令的前一行，如图 2-32 所示。

```
在SFTON        0003    MOVL V=138
命令登录  →    0004    MOVL V=138
的前一行        0005    MOVL V=138
```

图 2-32　SFTON 命令登录位置

步骤 2：按"命令一览"。
步骤 3：选择"平移"。
步骤 4：选择 SFTON 命令。在输入缓冲显示行显示"SFTON"命令。
步骤 5：添加项目、数值数据的修改。

位置变量号码的修改将光标移动至位置变量号，同时按"转换"和光标键的"↑"或"↓"，使位置变量号码增加或减少，如图 2-33 所示。

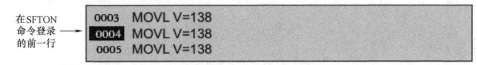

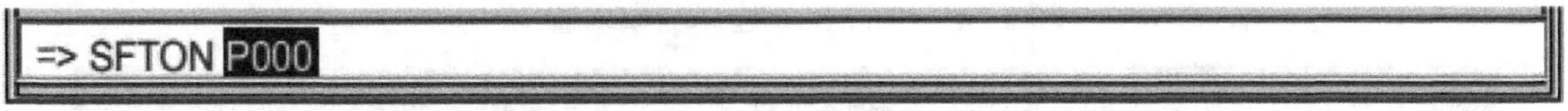

图 2-33　位置变量号码的修改

位置变量号的修改也可以使用数值输入的方式，在位置变量输入位置，按选择键，显示数值输入框，输入 P000 后，按回车确认。

选定位置变量后，还需要对平移的坐标系进行设定。在输入缓冲显示行上，将光标移动到命令，按【选择】键，显示详细编辑画面，如图 2-34 所示。

将光标移动到"坐标"的"未使用"上，按【选择】键。显示选择对话后，将光标移动到基座坐标，按【选择】，如图 2-35 所示。按"回车"后，详细编辑画面关闭，程序内容画面显示。

步骤 6：按"插入"、"回车"。输入缓冲行上显示的命令登录完成，如图 2-36 所示。

2. SFTOF 命令登录

SFTOF 登录的步骤如下所示。

步骤 1：将光标移动到 SFTOF 命令登录的前一行，如图 2-37 所示。
步骤 2：按"命令一览"。
步骤 3：选择"平移"。
步骤 4：选择 SFTOF 命令。输入缓冲行显示"SFTOF"命令，如图 2-38 所示。
步骤 5：按"插入"、"回车"。"SFTOF"命令登录完成，如图 2-39 所示。

示教完成的程序如图 2-40 所示。

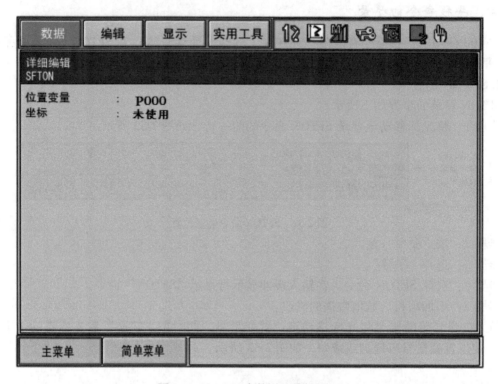

图 2-34 SFTON 参数详细编辑画面

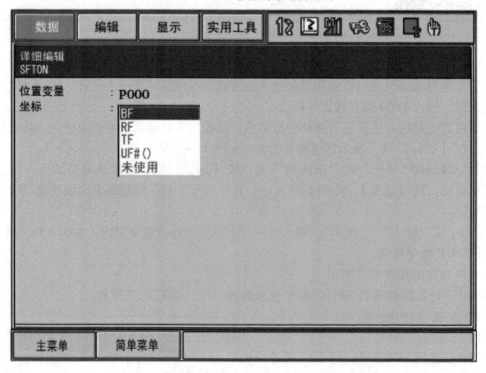

图 2-35 SFTON 坐标参数选择

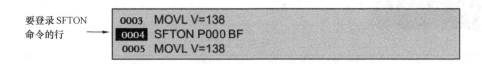

图 2-36 SFTON 命令登录完毕画面

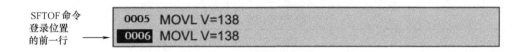

图 2-37 SFTOF 命令登录位置

图 2-38 SFTOF 命令行显示

```
0005  MOVL V=138
0006  SFTOF
0007  MOVL V=138
```

图 2-39 SFTOF 登录完成画面

行	程序	内容说明
0000	NOP	程序开始
0001	MOVJ VJ = 50.00	将机器人移动到作业原点位置
0002	MOVJ VJ = 50.00	机器人移动到作业点 1
0003	MOVL V = 138	机器人移动到作业点 2
0004	SFTON P000 BF	平移量为 P000，坐标为 BF，平移开始
0005	MOVL V = 138	机器人移动到作业点 3
0006	MOVL V = 138	机器人移动到作业点 4
0007	MOVL V = 138	机器人移动到作业点 5
0008	SFTOF	平移结束
0009	MOVL V = 138	机器人移动到作业点 6
0010	MOVJ VJ = 50.00	机器人移动到作业原点
0011	END	程序结束

图 2-40 示教完成的平移程序

【任务实施】

任务书 2-4

姓名		任务名称	示教 CNC 上下料工作站程序
指导教师		同组人员	
计划用时		实施地点	工业机器人实训室
时间		备注	
任务内容			

如下图所示的工业机器人 CNC 上下料工作站,要求机器人从工件立体仓库中抓取工件,然后摆放到数控机床加工位置,待加工完毕后,再将工件放回到立体仓库中原来摆放的位置,8 个工件全部加工完毕后,机器人停在预设位置

考核项目	根据示教需要设定用户坐标系
	使用位置变量辅助示教
	在特定情况下平移命令的使用方法
	掌握机器人完整的示教过程

资料	工具	设备
工业机器人安全操作规程	常用工具	
MH6 使用说明书		工业机器人 CNC 上下料工作站
工业机器人 CNC 上下料工作站说明书		

任务完成报告 2-4

姓名		任务名称	示教 CNC 上下料工作站程序
班级		小组成员	
完成日期		分工内容	

1. 简要描述任务完成过程。

2. 写出按照任务要求示教完成的机器人程序。

【考核与评价】

学生自评表 2　　　　　　　　　　　年　　月　　日

项目名称	工业机器人 CNC 上下料工作站现场编程			
班级		姓　名	学　号	组别
评价项目	评价内容		评价结果（好/较好/一般/差）	
专业能力	认识工业机器人 CNC 上下料工作站构成			
	能使用复制、剪切、粘贴等方式编制机器人程序			
	能正确设计用户坐标系，并在系统中设置			
	能够使用平移命令对机器人进行示教			
	通过示教完成 CNC 的上下料			
方法能力	能够遵守安全操作规程			
	会查阅、使用说明书及手册			
	能够对自己的学习情况进行总结			
	能够如实对自己的情况进行评价			
社会能力	能够积极参与小组讨论			
	能够接受小组的分工并积极完成任务			
	能够主动对他人提供帮助			
	能够正确认识自己的错误并改正			
自我评价及反思				

学生互评表 2　　　　　　　　　　　　　　年　　月　　日

项目名称	工业机器人 CNC 上下料工作站现场编程			
被评价人	班级		姓名	学号
评价人				
评价项目	评价标准		评价结果	
团队合作	A. 合作融洽			
	B. 主动合作			
	C. 可以合作			
	D. 不能合作			
学习方法	A. 学习方法良好，值得借鉴			
	B. 学习方法有效			
	C. 学习方法基本有效			
	D. 学习方法存在问题			
专业能力（勾选）	认识工业机器人 CNC 上下料工作站构成			
	能使用复制、剪切、粘贴等方式编制机器人程序			
	能正确设计用户坐标系，并在系统中设置			
	能够使用平移命令对机器人进行示教			
	通过示教完成 CNC 的上下料			
综合评价				

教师评价表 2　　　　　　　　　　　　　　年　　月　　日

项目名称	工业机器人 CNC 上下料工作站现场编程			
被评价人	班级		姓名	学号
评价项目	评价内容		评价结果（好/较好/一般/差）	
专业认知能力	认识不同 CNC 上下料方式及其特点			
	能说出工业机器人 CNC 上下料工作站各部分功能			
	能够说出各种坐标系的定义方式及特点			
	认识 DX100 系统中程序编辑的方法			
	能够理解任务要求的含义			
专业实践能力	能正确设计用户坐标系，并在系统中设置			
	能够使用平移命令对机器人进行示教			
	通过示教完成 CNC 的上下料			
	能够正确地使用设备和相关工具			
	能够遵守安全操作规程			
	能够正确填写任务报告记录			

（续）

评价项目	评价内容	评价结果（好/较好/一般/差）
社会能力	能够积极参与小组讨论	
	能够接受小组的分工并积极完成任务	
	能够主动对他人提供帮助	
	能够正确认识自己的错误并改正	
	善于表达和交流	
综合评价		

【学习体会】

【思考与练习】

1. 简要描述工业机器人 CNC 上下料工作站系统基本构成及作用。
2. 简述用户坐标系设置的一般步骤。
3. 通过对机器人示教比较，简述平移命令和 IMOV 命令使用特点。
4. 通过网络等手段，查询任一国产品牌工业机器人 CNC 上下料系统案例，撰写说明并制作汇报 PPT。

项目三 工业机器人搬运工作站现场编程

搬运机器人最早出现在美国，工业机器人通过手部机构握持工件，从一个加工位置移动到另一个加工位置，在自动化生产线的前端上料、后端下料、仓储等场合应用广泛。为了适应不同的作业对象，需要设计不同的手部握持机构，同时在机器人内部对其进行参数设置。定期对工业机器人工作站系统进行备份恢复，可以预防由于断电、碰撞等异常情况对运行产生的影响，降低由于停产带来的损失。

【学习目标】

知识目标：
1) 熟悉工业机器人搬运工作站系统的基本构成。
2) 熟悉工业机器人抓取装置的相关知识。
3) 掌握工业机器人中工具坐标系的相关知识。
4) 熟悉工业机器人与外部接口的相关知识。

能力目标：
1) 能根据现有系统编写系统说明书。
2) 能够对工业机器人内部工具参数进行设置。
3) 能够对搬运工作站进行示教编程，实现移位、堆垛等操作。
4) 能够对搬运工作站系统程序进行备份和恢复。

【工作任务】

任务一　认识搬运工作站
任务二　设定搬运工具
任务三　示教搬运工作站程序
任务四　备份搬运工作站程序

任务一　认识搬运工作站

本任务介绍工业机器人搬运工作站的不同应用、结构形式和特点等，展示几种典型的前端抓取机构。以一种典型的板材搬运为例，介绍一套具体的工业机器人搬运工作站，学习完成后，可以熟悉搬运工作站系统构成，撰写简要项目方案。

【知识准备】

一、工业机器人在搬运领域的应用

搬运机器人是可以进行自动化搬运作业的工业机器人。最早的搬运机器人出现在1960年的美国，Versatran和Unimate两种机器人首次用于搬运作业。搬运作业是指用一种设备握持工件，从一个加工位置移到另一个加工位置。搬运机器人可安装不同的末端执行器以完成各种不同形状和状态的工件搬运工作，大大减轻了人类繁重的体力劳动。目前世界上使用的搬运机器人逾100万台，被广泛应用于自动装配流水线、码垛搬运、集装箱等的自动搬运。部分发达国家已制定出人工搬运的最大限度，超过限度的必须由搬运机器人来完成。

常用的搬运机器人类型有SCARA机器人、关节式串联机器人、并联机器人和直角坐标机器人等。

1. SCARA机器人

SCARA（Selective Compliance Assembly Robot Arm，选择顺应性装配机器手臂）是一种圆柱坐标型的特殊类型的工业机器人，如图3-1所示。SCARA机器人有3个旋转关节，其轴线相互平行，在平面内进行定位和定向。另一个关节是移动关节，用于完成末端件在垂直于平面的运动。这类机器人的结构轻便、响应快，例如Adept1型SCARA机器人运动速度可达10m/s，比一般关节式机器人快数倍。它最适用于平面定位，垂直方向进行装配的作业。

SCARA系统在X、Y方向上具有顺从性，而在Z轴方向具有良好的刚度，此特性特别适合于装配工作，例如将一个圆头针插入一个圆孔，故SCARA系统首先大量用于装配印制电路板和电子零部件；SCARA的另一个特点是其串接的两杆结构，类似人的手臂，可以伸进有限空间中作业然后收回，适合于搬动和取放物件，如集成电路板等。如今SCARA机器人还广泛应用于塑料工业、汽车工业、电子产品工业、药品工业和食品工业等领域。它的主要职能是搬取零件和装配工作。SCARA机器人可以被制造成各种大小，最常见的工作半径在100~1000mm之间，此类的SCARA机器人的净载重量在1~200kg之间。

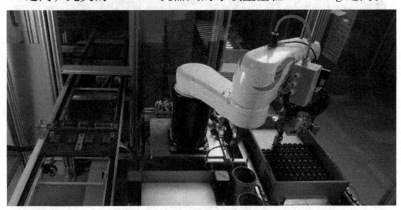

图3-1　SCARA机器人

2. 关节式串联机器人

关节式串联机器人是使用较广泛的一种搬运机器人，如图3-2所示。常用的类型有四自由度关节机器人和六自由度的关节机器人。六自由度的机器人具有较高的灵活性,能够运行到较大的空间范围,但载荷量较小。四自由度的机器人运动范围较小,但是载荷量较大,适用于较重物体的固定范围的搬运和堆垛。

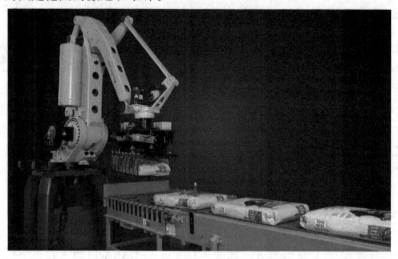

图3-2 关节式串联机器人搬运

3. 并联机器人

并联机器人相对于目前广泛应用的串联机器人来讲,具有刚度强、精度高、自重负荷比小、速度高等显著的优点;但也有其不足之处,如同样的结构尺寸,并联机器人的工作空间小,存在杆件空间的干涉、奇异位置等问题,结构设计理论分析复杂。由于并联机构动力学特性具有高度非线性、强耦合的特点,使其控制较为复杂。总体来讲,并联机器人与串联机器人构成互补的关系,扩大了整个机器人的应用领域。并联机器人机构多种多样,常用的搬运并联机器人按自由度划分有2自由度、3自由度和4自由度,图3-3所示是一种4自由度的并联机器人。

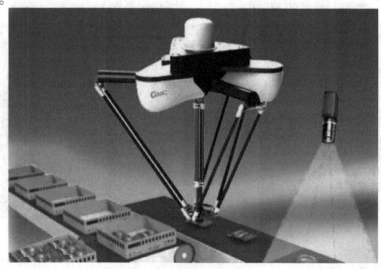

图3-3 并联机器人

4. 直角坐标机器人

工业应用中，能够实现自动控制的、可重复编程的、多功能的、多自由度的、运动自由度间成空间直角关系、多用途的操作机称为直角坐标机器人。它能够搬运物体、操作工具，以完成各种作业，被广泛应用于各种自动化生产线中完成码垛搬运、上下料、供料、装配、检测、焊接和涂胶等任务。它以行程大，负载能力强，精度高，组合方便，性价比非常高，易编程，易维护等优点而深受各个行业专家和操作者的称赞。但在完成一些需要进入小空间的作业时，不如关节机器人灵活，图 3-4 所示是一种直角坐标机器人。

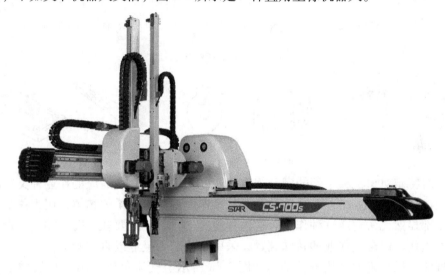

图 3-4　直角坐标机器人

二、工业机器人手部机构和控制

安装在机器人手臂末端、直接作用于对象的装置叫做末端执行器。人体的手与末端执行器的作用十分相似，所以人们更多地使用手部这个术语来代替末端执行器。工业机器人的手部是最重要的执行机构，根据操作器的类型不同，工业机器人可以构成不同的应用系统，如搬运、焊接、打磨、涂胶等。对于搬运机器人来说，操作器的功能主要是用来握持工件或工具。由于被握持工件的形状、尺寸、重量、材质及表面状态的不同，手部的结构也是多种多样的。

生产线上应用的工业机器人手部，一般采用钳子似的开闭机构来抓取物体，如图 3-5 所示。在这种手部机构中，手指是基本组成部分，它们通过彼此相对运动就可以抓取物体。

当抓取的对象被给定时，可以使用无关节的刚性手指，如能包罗物体外形的凹槽或 V 形槽，如图 3-6 所示，

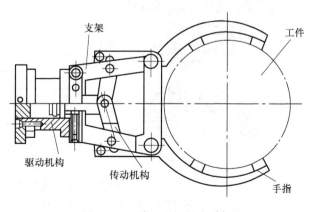

图 3-5　一种工业机器人手部

夹持方形工件或细小棒料的平面指及夹持形状不规则工件的特殊手指，如图3-7所示。这种抓取特定形状物体的、具有特制刚性手指的手部，叫做机械手部或机械手爪。多数机械手部只有2根手指，有时也使用像三爪卡盘那样的三指机构。

a) 固定V形　　　　　b) 滚柱V形　　　　　c) 自定位式V形

图3-6　V形指端形状

图3-7　其他类型指端形状

虽然针对特定对象机械手部能满足规定作业的要求，但它能适应的作业种类有限。在希望机器人完成的搬运作业中，有一些作业要求操作大型物体或柔软物体，用无关节的刚性手指的机械手部显然无法完成这种作业。在这种情况下，不一定要在手臂末端安装带手指的机械手部，可以代之以合适作业的特殊装置，采用小型磁力吸盘或真空吸盘。

一种气流负压吸附取料机械手结构如图3-8a所示。气流负压吸附取料机械手是利用流体力学的原理，当需要取物时，压缩空气高速流经喷嘴5时，其出口处的气压低于吸盘腔内的气压，于是腔内的气体被高速气流带走而形成负压，完成取物动作；当需要释放时，切断压缩空气即可。这种取料机械手使用压缩空气，成本较低，在工厂中用得较多。图3-8b为

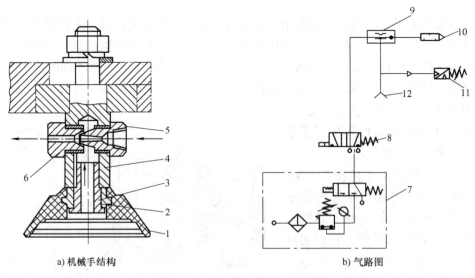

a) 机械手结构　　　　　　　　　　b) 气路图

图3-8　气流负压吸附取料机械手

1—橡胶吸盘　2—心套　3—透气螺钉　4—支承杆　5—喷嘴　6—喷嘴套
7—气源　8—电磁阀　9—真空发生器　10—消声器　11—压力开关　12—气爪

这种机械手的气路图。

另一种手部与上述完成特定功能的手部完全不同，它有近似于人手的形状，具备通用的功能，这种手部叫做通用手部，如图 3-9 所示。通用手部一般具有 2~5 根手指，每根手指都相当柔软，由受外部动力而能产生运动的关节组成。

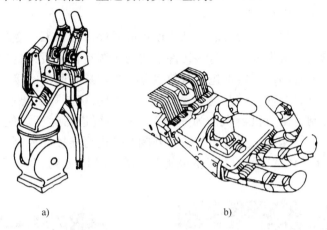

图 3-9　通用手部

三、安川电机 MH6 工业机器人搬运工作站系统

下面介绍一个工业机器人搬运工作站，如图 3-10 所示，工作站主要由安川电机 MH6 机器人、PLC 控制柜、手爪、输送线、工件库和安全栏等部分组成。

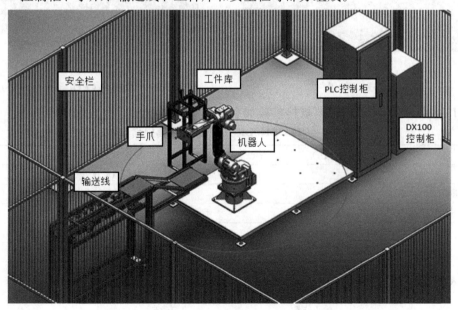

图 3-10　工业机器人搬运工作站

1. 搬运工作站的作业对象

本工作站的作业对象是有机玻璃材质的工件，如图 3-11 所示，尺寸为 380mm×270mm×5mm，重量≤1kg，需要从生产线上搬运到工件库中。

2. PLC 控制系统

PLC 即可编程序控制器，在工业应用中常用于处理现场的控制信号，检测传感器的信息，实现自动化生产控制。工业机器人以其效率高、可不断进行高强度动作的特点，在生产线中逐渐代替人手完成一些高强度的重复任务。在一些生产场合，同时应用 PLC 与工业机器人，可使生产效率大大提高。

在自动化生产线中，包含有大量的自动化设备或元件，如 PLC、变频驱动器、伺服驱动器、各种类型的传感器、触摸屏等，这些元件之间的协调运行需要大量的通信和控制。目前大部分的工业机器人配备的控制器都包含有数字量、模拟量和通信的接口，对于一些较小的工作站系统基本可以满足要求。但是对于一些较复杂的系统，则需要使用 PLC 等外围控制系统进行整体协调控制，工业机器人作为一个下位机系统进行运行。使用 PLC 等外围主控系统，使得系统更加容易构建，更方便与各种外围器件进行连接和控制。

本工业机器人搬运工作站选取的 PLC 为欧姆龙公司的 CP1L 系列 PLC，其外形如图 3-12 所示。

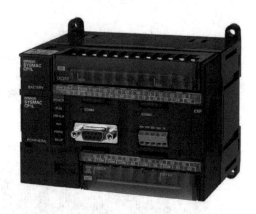

图 3-11　搬运的工件　　　　图 3-12　欧姆龙 CP1L 系列 PLC 外形

CP1L-M40DR-D 型 PLC 主要规格参数如表 3-1 所示。

表 3-1　CP1L-M40DR-D 型 PLC 主要规格参数

输入输出点数		40 点
电源		DC 电源型：DC24V
程序容量		10KB
最大输入输出点数		160 点
通用输入输出	输入输出点数	40 点
	输入点数	24 点
	输入类别	DC24V
	中断输入/快速响应输入	最大 6 点
	输出点数	16 点
	输出类别	继电器输出
高速计数输入		4 点/2 轴 100kHz（单相），100kHz（加减法脉冲输入/脉冲 + 方向输入），50kHz（相位差）
脉冲输出		无

CP1L-M40DR-D 型 PLC 的 CPU 结构如图 3-13 所示。

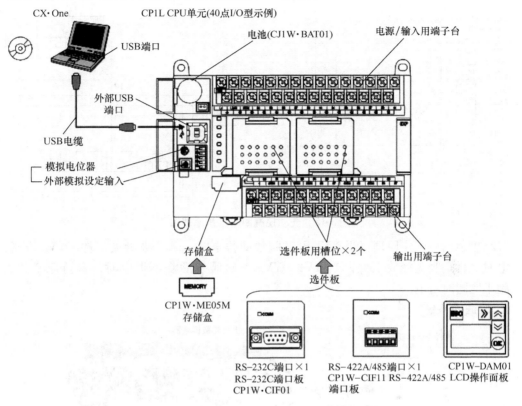

图 3-13　CP1L-M40DR-D 型 PLC 的 CPU 结构

CP1L 系列 PLC 使用欧姆龙公司软件 CX-Programmer 进行编程，该软件是欧姆龙 PLC 的程序编辑、参数设置、网络配置的通用软件。用户可通过 CX-Programmer 进行 CP1 PLC 命令的学习，程序的编辑和程序的上、下载调制。CX-Programmer 是 CX-ONE 软件的一部分，使用 CX-ONE 可以完成 PLC 程序开发、触摸屏软件开发、通信设定、运动控制等功能，在一个软件的环境下，完成系统的基本开发、仿真及调试。

3. 搬运手爪

搬运对象是有机玻璃材质的板材，不适宜使用夹持的机械手，在工作站上配备了一个真空吸盘手爪，如图 3-14 所示。该手爪有四个吸盘，分为两组进行控制，其气动控制回路如图 3-15 所示。

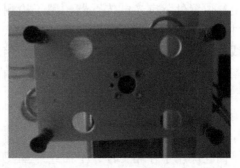

图 3-14　搬运手爪外形图

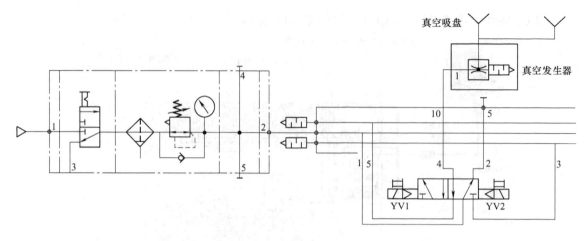

图 3-15 气动控制回路工作原理图

气动控制回路工作原理：当 YV1 电磁阀线圈得电时，真空吸盘吸工件；YV2 电磁阀线圈得电时，真空吸盘释放工件；当 YV1、YV2 电磁阀线圈都不得电时，保持原来的状态。电磁阀不能同时得电。

4. 输送线系统

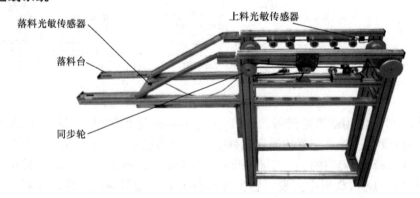

图 3-16 输送线系统

输送线系统的主要功能是把上料位置处的工件传送到输送线的末端落料台上，以便于机器人搬运。输送线系统如图 3-16 所示。

上料位置处装有光电传感器，用于检测是否有工件，若有工件，将起动输送线，输送工件。输送线的末端落料台也装有光电传感器，用于检测落料台上是否有工件，若有工件，将起动机器人来搬运。输送线由三相交流电动机拖动，变频器调速控制。

5. 平面仓库

平面仓库用于存储工件，平面仓库如图 3-17 所示。平面仓库有一个对射式光纤传感器用于检

图 3-17 平面仓库

测仓库是否已满，若仓库已满将不允许机器人向仓库中搬运工件。

【任务实施】

任务书 3-1

姓名		任务名称	认识搬运工作站
指导教师		同组人员	
计划用时		实施地点	工业机器人仿真实训室
时间		备注	
任务内容			
1. 认识在搬运应用领域不同机器人的类型及优缺点 2. 熟悉搬运机器人手部类型及基本工作原理 3. 认识工业机器人搬运系统构成 4. 认识工业机器人搬运系统各组成部分功能			
考核项目	通过网络查询机器人搬运应用相关资料		
	比较各种类型搬运机器人的特点		
	描述工业机器人搬运系统各部分功能		
	通过网络查询各类典型国产搬运工业机器人，比较其与 MH6 机器人的异同点		
	使用 PPT 汇报一种搬运系统应用		
资料		工具	设备
工业机器人安全操作规程		常用工具	工业机器人搬运工作站
MH6 使用说明书			
工业机器人搬运工作站说明书			

任务完成报告 3-1

姓名		任务名称	认识搬运工作站
班级		小组成员	
完成日期		分工内容	

1. 比较目前各种搬运机器人的优缺点。

2. 通过网络查询各类典型国产搬运工业机器人，比较其性能特点。

(续)

3. 描述工业机器人搬运系统各部分功能。

4. 通过网络查询一种机器人搬运用手爪，简述其基本工作原理及应用场合。

任务二　设定搬运工具

对于一个具体的搬运对象，需要设计合适的前端抓取机构。在工业机器人内部需要对前端抓取机构的尺寸、重量、重心、惯性矩等参数进行设置，才能够使机器人在合适的状态，减少机器人的故障率。

【知识准备】

一、机器人工具坐标值登录

工业机器人在工作时需要在前端安装相应的作业工具，图 3-18 所示为一种典型工具，为了便于对机器人进行示教，需要对工业机器人的参数进行设定。用数值输入登录工具文件夹时，把工具的控制点位置作为法兰盘坐标各轴上的坐标值来输入。工具坐标值的登录步骤如下所示。

步骤 1：选择主菜单的【机器人】，显示相应的子菜单，如图 3-19 所示。

步骤 2：选择【工具】。

在工具一览画面上，把光标移动到想要选择的编号，按【选择】。在工具坐标系选择画面【翻页】键或【页码】键可以切换到希望设定的编号。工具坐标设定画面如图 3-20 所示。

步骤 3：选择希望的工具编号。对于工具一览画面和工具坐标画面切换，请选择菜单的【显示】→【列表】或者【显示】→【坐标值】。使用【翻页】键选择相应的工具编号。

步骤 4：选择想登录的坐标值。

步骤 5：使用数值键输入相应的数值。

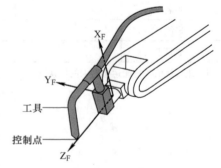

图 3-18　工具安装示意

图 3-19　机器人菜单的子菜单

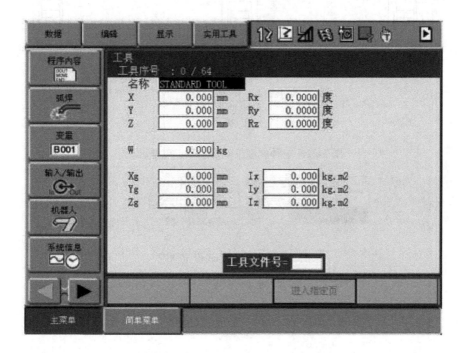

图 3-20　工具坐标设定画面

步骤 6：按【回车】键，完成坐标值登录，如图 3-21 所示。

对于不同的工具，其工作点坐标的设定是不同，如图 3-22 所示三种工具，在图中标出了其工作点的尺寸位置。对于这三种工具的坐标设定如图 3-23 和图 3-24 所示。

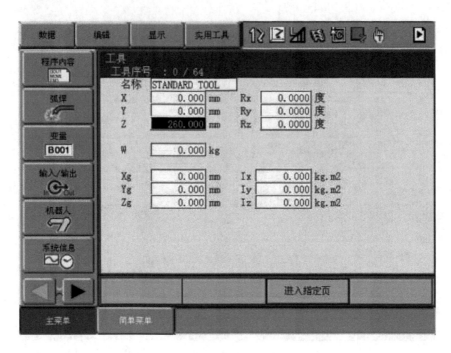

图 3-21 工具坐标值设定完成画面

图 3-22 三种典型工具及工作点位置示意

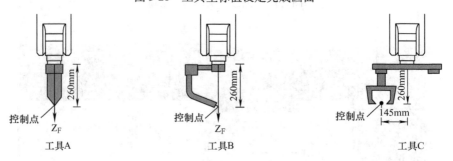

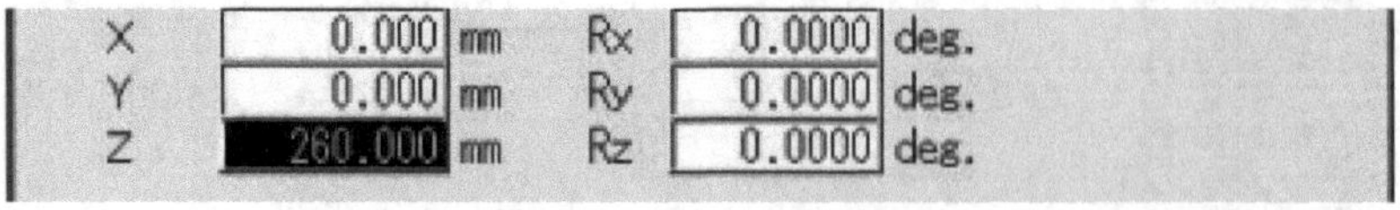

图 3-23 工具 A、B 设定情况

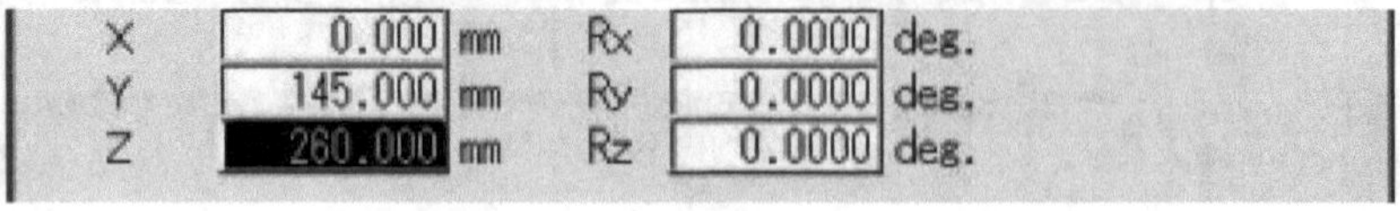

图 3-24 工具 C 设定情况

二、登录工具姿势数据

工具姿势数据是指表示机器人法兰盘坐标和工具坐标的角度数据。输入值是把法兰盘坐标和工具坐标调整到一致时的角度数据。朝着箭头向右旋转是正方向。按照 Rz → Ry → Rx 的顺序登录。如图 3-25 的工具，登录 Rz = 180、Ry = 90、Rx = 0。

工具姿势数据登录步骤如下所示。

步骤 1：选择主菜单的【机器人】。
步骤 2：选择【工具】。
步骤 3：选择希望的工具。
步骤 4：选择想要登录坐标值的轴，首先选择 Rz。
步骤 5：输入数值回转角度，用数值键输入法兰盘坐标 Z_F 周围的回转角度，如图 3-26 所示。

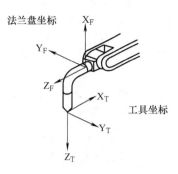

图 3-25 工具姿势示例

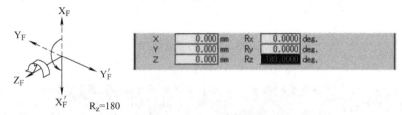

图 3-26 Rz 回转角度设置

步骤 6：按【回车】，Rz 的回转角度被登录。

用同样的操作，输入 Ry、Rx 的回转角度，如图 3-27 和图 3-28 所示。

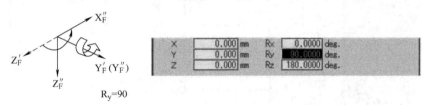

图 3-27 Ry 回转角度设置

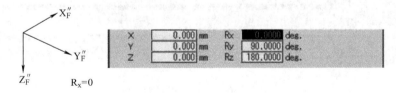

图 3-28 Rx 回转角度设置

三、工具重量信息的设定

重量信息是指安装在法兰盘上的工具整体的质量、重心以及重心位置回转惯性力矩的信息，如图 3-29 所示。

工具重量信息设定的步骤如下所示。

步骤 1：选择主菜单的【机器人】。
步骤 2：选择【工具】，显示工具一览画面，如图 3-30 所示。

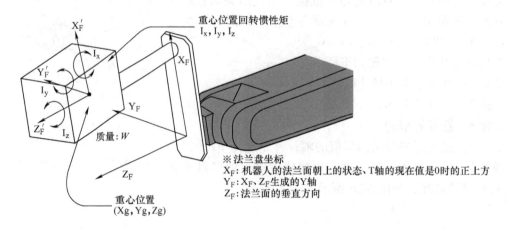

图 3-29 工具的重量信息

图 3-30 工具一览画面

步骤 3：选择想要的工具号。在工具一览画面中，将光标移动到想要的序号上，按【选择】键。显示选择的工具坐标画面，如图 3-31 所示。

在工具坐标画面中，可以用【翻页】键切换到想要的序号。要切换工具一览画面和工具坐标画面，需选择菜单上的【显示】→【列表】或【显示】→【坐标值】。

步骤 4：选择想登录的项目、输入数据。画面可随着光标滚动。把光标移到欲设定的项目上。按【选择】键，进入数值输入状态。

步骤 5：按【回车】键，输入的数值被登录。如果编辑是在伺服接通的情况下进行的，此刻，伺服将自动断开，并显示信息"由于修改数据伺服断开"，信息显示 3s。

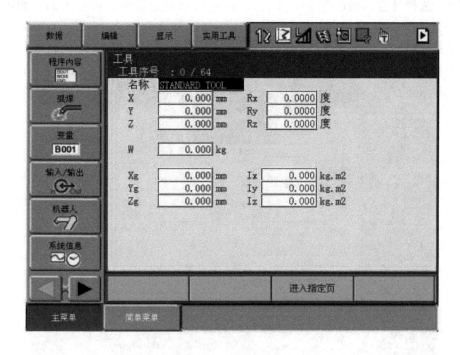

图 3-31 工具坐标画面

四、工具重量和重心自动测定

工具重量和重心自动测定功能，是指对于工具重量的信息，即重量和重心位置能够进行简单登录的功能。利用此功能，工具的重量和重心位置被自动测定并登录在工具文件中。此功能适用于机器人设置安装对地角度为 0°时。

测定重量、重心位置时，把机器人移到基准位置（U、B、R 轴在水平位置），如图 3-32 所示，然后操作 U、B、T 轴，使其动作。测定重量和重心位置时，需要拆除连接在工具上的电缆等，否则，测量可能会得出不正确的结果。

工具重量和重心自动测定步骤如下所示。

步骤 1：选择主菜单的【机器人】。

步骤 2：选择【工具】，显示工具一览画面。

步骤 3：选择想要的工具号。在工具一览画面，把光标移到想选择的工具号上。按【选择】键，显示所选择的工具坐标画面。

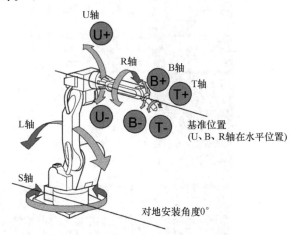

图 3-32 工具重量和重心自动测定的基准位置

步骤 4：选择菜单的【实用工具】，如图 3-33 所示。

步骤5：选择【自动测定重量、重心】，显示自动测定重量、重心画面，如图3-34所示。

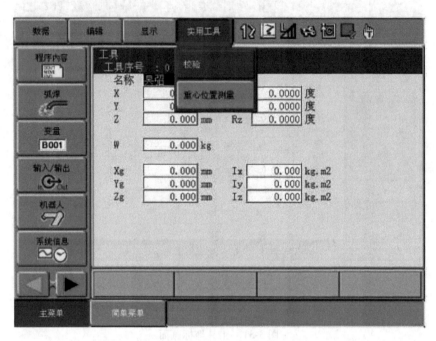

图 3-33 实用工具菜单

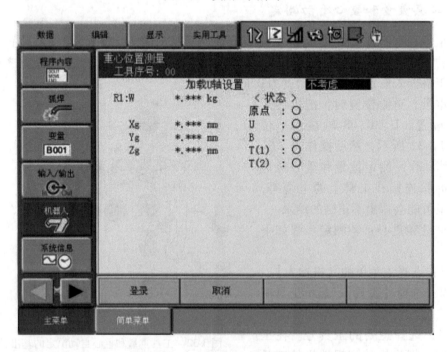

图 3-34 自动测定重量、重心画面

步骤6：多台机器人的系统中，用【翻页】键切换对象控制组。

步骤7：第一次按【前进】键。把机器人移到基准位置（U、B、R轴为水平位置）。

步骤 8：第二次按【前进】键，开始进行测定。按照表 3-2 的步骤操作机器人。测定完成的项目，从"○"变为"●"。

表 3-2 自动测定步骤

序号	步骤	内容
1	测定 U 轴	U 轴基准位置 +4.5°→ -4.5°
2	测定 B 轴	B 轴基准位置 +4.5°→ -4.5°
3	第一次测定 T 轴	T 轴基准位置 +4.5°→ -4.5°
4	第二次测定 T 轴	T 轴基准位置 +60°→ +4.5°→ -4.5°

当全部测定结束时，所有的"○"转变成"●"，测定数据在画面中显示，如图 3-35 所示。

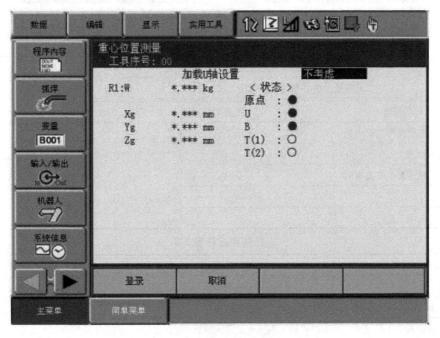

图 3-35 测定结束时画面

步骤 9：选择"登录"。测定数据在工具文件中登录，显示工具坐标画面。选择"取消"时，测定数据不在工具文件中登录，显示工具画面。

【任务实施】

任务书 3-2

姓名		任务名称	设定搬运工具
指导教师		同组人员	
计划用时		实施地点	工业机器人实训室
时间		备注	

（续）

任务内容
如下图所示搬运爪手，完成以下任务： 1. 使用尺子量取其外形尺寸，在机器人系统中设定其工具坐标，其控制点设为四个吸盘对角连线的焦点位置 2. 自定义工具姿势，并在系统中登录 3. 使用自动测定功能，设置该手爪重量及重心参数 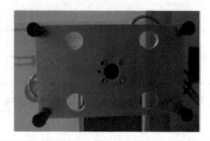

考核项目	设定工具坐标
	设定工具姿势信息
	工具重量信息类型及设定方法
	工具重量及重心参数自动测定方法

资料	工具	设备
工业机器人安全操作规程	常用工具	工业机器人搬运工作站
MH6 使用说明书		
工业机器人搬运工作站说明书		

任务完成报告 3-2

姓名		任务名称	设定搬运工具
班级		小组成员	
完成日期		分工内容	

1. 在图中标出所量工具尺寸，列出在机器人系统中设定的参数。

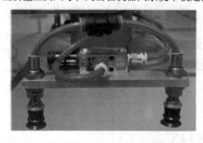

2. 使用自测定功能，读取机器人重量及重心参数，并记录下来。

（续）

3. 试以上图四个吸盘底部中心为控制点，设定手爪工具坐标，并记录所设参数的值。

任务三　示教搬运工作站程序

对于自动化生产线的前端上料、后端下料环节，工业机器人所搬运的工件或物料需要进行堆垛、排列。在与系统集成过程中，搬运机器人常由一个外部的控制器作为主控，按照工作流程完成相应的动作过程。

【知识准备】

一、MH6 DX100 机柜的构成

DX100 由单独的部件和功能模块（多种基板）所组成的，包括伺服单元、断路器、电源接通单元、CPS 单元、I/O 单元和 CPU 单元等，如图 3-36 所示。出现故障后的失灵元件通常可容易地用部件或模块来进行更换。

1. 电源接通单元

电源接通单元由电源接通顺序基板（JANCD-NTU□□）和伺服电源接触器（1KM、2KM）以及线路滤波器（1Z）组成。电源接通单元根据来自电源接通顺序基板的伺服电源控制信号的状态，打开或关闭伺服电源接触器，供给伺服单元电源（三相交流 200～220V）。电源接通单元经过线路滤波器对控制电源供给电源（单相交流 200～220V）。

2. 基本轴控制基板

基本轴控制基板（SRDA-EAXA01A）控制机器人 6 个轴的伺服电动机，它也控制整流器、PWM 放大器和电源接通单元的电源接通顺序基板。通过安装选项的外部轴控制基板（SRDA-EAXB01A），可控制最多 9 个轴（包含机器人轴）的伺服电动机。基本轴控制基板（SRDA-EAXA01A）除机器人基本轴的控制之外，还有以下的功能：控制器电源控制回路，防碰撞传感器（SHOCK）输入回路，直接输入回路。

3. CPU 单元

CPU 单元由控制电源基板与基板架、控制基板、机器人 I/F 单元和轴控制基板组成。

控制基板（JANCD-YCP01）用于控制整个系统、示教编程器上的屏幕显示，操作键的管理、操作控制、插补运算等。它具有 RS-232C 串行接口和 LAN 接口（100BASE-TX/10BASE-T）。

机器人 I/F 单元（JZNCD-YIF01-1E）是对机器人系统的整体进行控制，控制基板（JANCD-YCP01）是用背板的 PCI 母线 I/F 连接，基本轴控制基板（SRDA-EAXA01A）是用高速并行通信连接的。

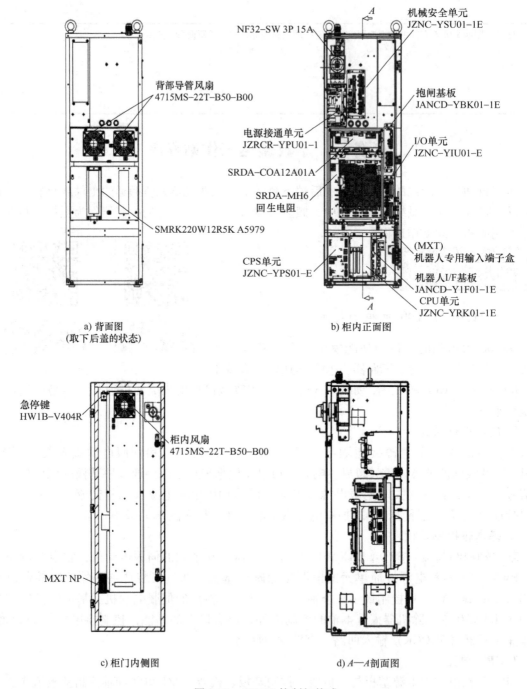

图 3-36 DX100 控制柜构成

4. CPS 单元

CPS 单元（JZNC-YPS01-E）是提供控制用的（系统、I/O、控制器）的 DC 电源（DC5V、DC24V），另外还备有控制单元的 ON/OFF 的输入。

5. 断路器基板

控制轴基板是根据基本轴控制基板（SRDA-EAXA01A）的命令信号，对机器人+外部轴共计 9 个轴的断路器进行控制。

6. I/O 单元

数字输入输出 I/O（JZNC-YIU01-E）（机器人通用输入输出）用的插头有 4 个，输入输出点数均为 40。关于输入输出的分配，根据用途不同，有专用输入输出和通用输入输出 2 种。专用输入输出是事前分配好的信号，主要是夹具控制柜、集中控制柜等外部操作设备作为系统来控制机器人及相关设备的时候使用。通用输入输出主要是在机器人的操作程序中使用，作为机器人和周边设备的即时信号。

搬运用机器人通用输入输出插头（CN306、307、308、309）的连接信号分配见附录 B。

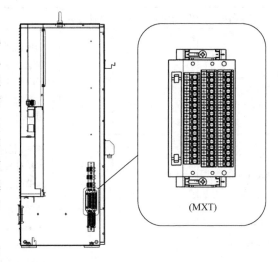

图 3-37 机器人专用输入端子台（MXT）

7. 机器人专用输入端子台

机器人专用输入端子台（MXT）是机器人专用信号输入的端子台，此端子台（MXT）安装在 DX100 右侧的下面。

机器人专用输入端子台（MXT）如图 3-37 所示。

机器人专用输入端子台（MXT）信号名称及功能如表 3-3 所示。

表 3-3 机器人专用输入端子台（MXT）信号名称及功能

信号名称	连接编号（MXT）	双路输入	功　能	出厂设定
EXESP1＋ EXESP1－ EXESP2＋ EXESP2－	－19 －20 －21 －22	○	外部急停 用来连接一个外部操作设备的外部急停开关。 如果输入此信号，则伺服电源切断并且程序停止执行。 输入信号时伺服电源不能被接通	用跳线短接
SAFF1＋ SAFF1－ SAFF2＋ SAFF2－	－9 －10 －11 －12	○	安全插销 如果打开安全栏的门，用此信号切断伺服电源。 连接安全栏门上的安全插销的联锁信号。如输入此联锁信号，则切断伺服电源。当此信号接通时，伺服电源不能被接通 但这些信号在示教模式下无效	用跳线短接
FST1＋ FST1－ FST2＋ FST2－	－23 －24 －25 －26	○	维护输入（全速测试） 在示教模式时的测试运行下，解除低速极限。 短路输入时，测试运行的速度是示教时的 100% 速度。 输入打开时，在 SSP 输入信号的状态下，选择第 1 低速（16%）或者选择第 2 低速（2%）	打开

(续)

信号名称	连接编号（MXT）	双路输入	功　能	出厂设定
SSP + SSP −	−27 −28	—	选择低速模式 在这个输入状态下，决定了 FST（全速测试）打开时的测试运行速度。 打开时：第 2 低速（2%） 短路时：第 1 低速（16%）	用跳线短接
EXSVON + EXSVON −	−29 −30	—	外部伺服使能 连接外部操作机器等的伺服 ON 开关时使用。 通信时，伺服电源打开	打开
EXHOLD + EXHOLD −	−31 −32	—	外部暂停 用来连接一个外部操作设备的暂停开关。 如果输入此信号，则程序停止执行。 当输入该信号时，不能进行启动和轴操作	用跳线短接
EXDSW1 + EXDSW1 − EXDSW2 + EXDSW2 −	−33 −34 −35 −36	○	外部安全开关 当两人进行示教时，为没有拿示教编程器的人连接一个安全开关	用跳线短接

二、DX100 典型控制信号的连接

1. 外部设备控制机器人急停

机器人专用输入端子台（MXT）的 EXESP 信号端用于连接外部设备的急停开关，当急停开关断开时，机器人伺服电源被切断，并停止执行程序。当急停信号输入时，伺服电源不能被接通。外部急停电路图如图 3-38 所示。

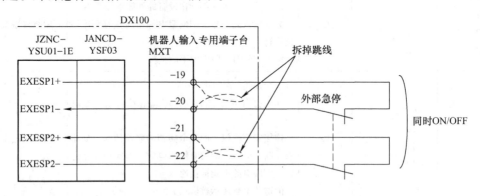

图 3-38　外部急停电路图

在使用外部急停功能时，务必拆下 MXT 的跳线，如不拆下跳线，即使输入信号，外部急停信号也不起作用，并且因此还可能造成设备损坏或人身伤害。

2. 安全开关

打开安全栏的门，是关闭伺服电源的信号。连接上安装在安全栏门上的安全开关等的互锁信号，输入互锁信号，伺服电源 OFF，就不能打开伺服电源了，同时示教模式失效。安全

开关的连接如图 3-39 所示。

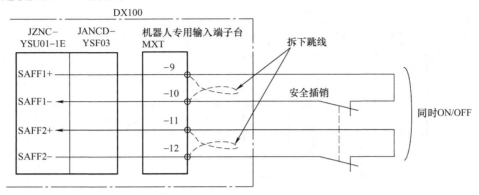

图 3-39　安全开关的连接

3. 外部伺服 ON

连接外部操作机器等的伺服 ON 开关时使用。通信后，伺服电源打开。外部伺服 ON 的连接如图 3-40 所示。

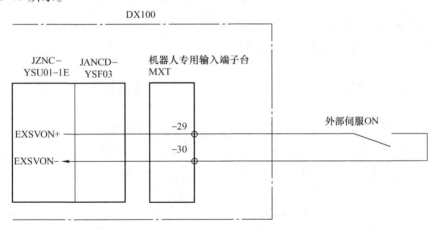

图 3-40　外部伺服 ON 的连接

4. 外部设备控制机器人暂停

机器人专用输入端子台（MXT）的 EXHOLD 信号端用于连接外部设备的暂停开关，当暂停开关断开时，机器人停止执行程序，但伺服电源仍保持接通。当急停信号输入时，不能进行启动和轴操作。

外部暂停电路图如图 3-41 所示。

在使用外部暂停功能时，务必拆下 MXT 的跳线，如不拆下跳线，即使输入信号，外部暂停信号也不起作用，并且因此还可能造成设备损坏或人身伤害。

5. I/O 使用外部电源的接线

在标准配置中，I/O 电源由内部电源给定。约 1.5A 的 DC24V 的内部电源可供输入/输出使用。使用中若超出 1.5A 电流时，应使用 24V 的外部电源，并保持内部回路与外部回路的绝缘。为了避免电力噪声带来的问题，应将外部电源安装在 DX100 的外面。

在使用内部电源（CN303-1 至 3、CN303-2 至 4 短接的状态）时，不要把外部电源线与

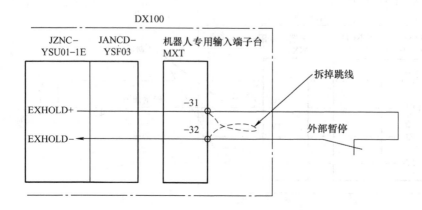

图 3-41 外部暂停电路图

CN303-3、CN303-4 相连。如果外部电源与内部电源混流，则 I/O 单元可能会发生故障。
若使用外部电源，应按照以下的顺序进行连接：
1）拆下连接机器人 I/O 单元的 CN303-1 至-3 和 CN303-2 至-4 之间的配线。
2）把外部电源 +24V 接到 I/O 单元的 CN303-1 上，0V 连接到 CN303-2 上。
I/O 使用内、外部电源的接线如图 3-42 所示。

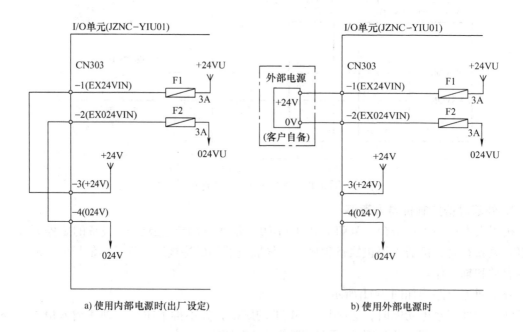

图 3-42 I/O 使用内、外部电源的接线图

三、DX100 的典型控制方法

当外部操作设备作为系统来控制机器人运行时，首先需要将示教器的模式选择开关旋转到"REMOTE"即远程模式，然后利用 DX100 I/O 单元中的专用输入/输出信号对机器人进

行控制。

1. 外部设备控制机器人信号时序

外部设备启动、停止机器人时，在信号的时序上有一定的要求，如图 3-43 所示。

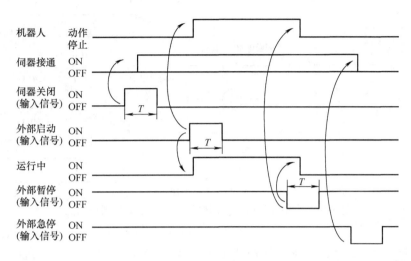

图 3-43　外部设备控制机器人信号时序

图中输入信号为上升沿有效，但 T 要保持在 100ms 以上。

当"伺服关闭"信号闭合并保持在 100ms 以上时，机器人伺服电源接通；在伺服电源已接通的前提下，当"外部启动"信号闭合并保持在 100ms 以上时，机器人运行。

当机器人在运行状态下，"外部暂停"打开并保持在 100ms 以上时，机器人运行停止，但伺服依然保持接通。

当机器人在伺服接通或运行状态下，"外部急停"打开时，机器人运行停止，同时伺服断电。

2. 外部设备控制机器人伺服电源接通

只有伺服接通信号的上升沿有效，所以在机器人伺服电源接通后，必须取消伺服接通信号，为下一次重新接通伺服电源做准备。

使用外部"伺服接通"按钮控制机器人伺服电源接通的电路图如图 3-44 所示。

PB 为伺服接通按钮，X1、X2、X3 为继电器，PL 为指示灯。

伺服电源接通过程：按下 PB，X1 得电自锁，专用输入端子台 MXT 的外部伺服 ON 输入端子 EXSVON 接通，机器人伺服电源接通，其反馈信号从通用 I/O 单元 CN308 的 A8 端输出，继电器 X3 得电，X3 的常开触点闭合，继电器 X2 得电，其常闭触点断开，继电器 X1 断电，机器人伺服电源接通过程结束。

3. 外部设备控制机器人启动运行

只有外部启动信号的上升沿有效，所以在机器人启动运行后，必须取消外部启动信号，为下一次重新启动做准备。启动机器人时还需要机器人伺服电源已接通、示教器选择远程模式、机器人无报警/错误发生等联锁信号。

使用外部"启动"按钮控制机器人启动运行的电路图如图 3-45 所示。

PB 为启动按钮，X4、X5、X6 为继电器，PL 为指示灯。

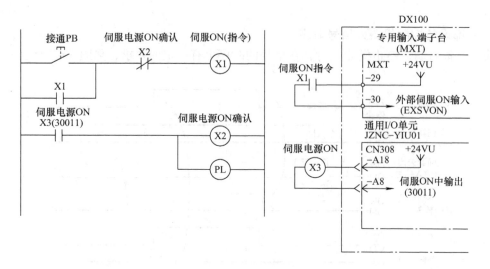

图3-44 使用外部信号控制机器人伺服电源接通电路图

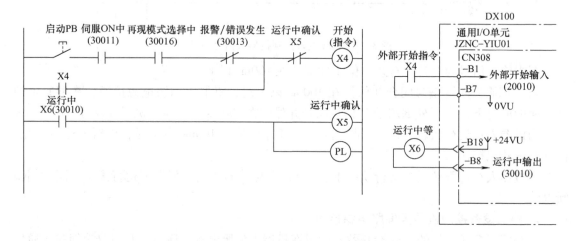

图3-45 使用外部信号控制机器人启动电路图

机器人启动过程：在机器人伺服电源已接通、示教器选择远程模式、机器人无报警/错误发生前提下，按下PB，X4得电自锁，通用I/O单元CN308的B1"外部启动"端接通，机器人启动，其反馈信号"运行中"从通用I/O单元CN308的B18端输出，继电器X6得电，X6的常开触点闭合，继电器X5得电，其常闭触点断开，继电器X4断电，机器人启动过程结束。

四、搬运工作站机器人与PLC接口分配

PLC选用OMRON CP1L-M40DR-D型，机器人本体选用安川MH6型，机器人控制器选用DX100。根据控制要求，机器人与PLC的I/O接口分配见表3-4。

CN308是机器人的专用I/O接口，每个接口的功能是固定的，如CN308的B1输入接口，其功能为"机器人启动"，当B1口为高电平时，机器人启动运行，开始执行机器人程序。

表 3-4　机器人与 PLC 的 I/O 接口信号

插头		信号地址	定义的内容	与 PLC 的连接地址
CN308	IN	B1	机器人启动	100.00
		A2	清除机器人报警和错误	101.01
	OUT	B8	机器人运行中	1.00
		A8	机器人伺服已接通	1.01
		A9	机器人报警和错误	1.02
		B10	机器人电池报警	1.03
		A10	机器人已选择远程模式	1.04
		B13	机器人在作业原点	1.05
CN306	IN	B1 IN#（9）	机器人搬运开始	100.02
	OUT	B8 OUT#（9）	机器人搬运完成	1.06

CN306 是机器人的通用 I/O 接口，每个接口的功能由用户定义，如将 CN306 的 B1 输入接口（IN9）定义为"机器人搬运开始"，当 B1 口为高电平时，机器人开始搬运工件。具体参见后面的机器人程序。

CN307 也是机器人的通用 I/O 接口，每个接口的功能由用户定义，如将 CN307 的 B8、A8 输出接口（OUT17）定义为吸盘 1、2 吸紧功能，当机器人程序使 OUT17 输出为 1 时，YV1、YV2 得电，吸紧工件。CN307 的接口信号功能定义见表 3-5。

表 3-5　机器人 CN307 接口信号功能定义

插　头	信号地址	定义的内容	负　载
CN307	B8（OUT17 −） A8（OUT17 +）	吸盘 1、2 吸紧	YV1
	B9（OUT18 −） A9（OUT18 +）	吸盘 1、2 松开	YV2
	B10（OUT19 −） A10（OUT19 +）	吸盘 3、4 吸紧	YV3
	B11（OUT20 −） A11（OUT20 +）	吸盘 3、4 松开	YV4

MXT 是机器人的专用输入接口，每个接口的功能是固定的。如 EXSVON 为机器人外部伺服 ON 功能，当 29、30 间接通时，机器人伺服电源接通。搬运工作站所使用的 MXT 接口见表 3-6。

表 3-6　机器人 MXT 接口信号

插　头	信号地址	定义的内容	继电器
MXT	EXESP1 +（19） EXESP1 −（20） EXESP2 +（21） EXESP2 −（22）	机器人双回路急停	KA2
	EXSVON +（29） EXSVON −（30）	机器人外部伺服 ON	KA1
	EXHOLD +（31） EXHOLD −（32）	机器人外部暂停	KA3

PLC I/O 地址分配见表 3-7。

表 3-7 PLC I/O 接口信号

输入信号			输出信号		
序号	PLC 输入点	信号名称	序号	PLC 输出点	信号名称
1	0.00	启动按钮	1	100.00	机器人程序启动
2	0.01	暂停按钮	2	100.01	清除机器人报警与错误
3	0.02	复位按钮	3	100.02	机器人搬运开始
4	0.03	急停按钮	4	100.03	变频器启停控制
5	0.06	输送线上料检测	5	100.04	变频器故障复位
6	0.07	落料台工件检测	6	101.00	机器人伺服使能
7	0.08	仓库工件满检测	7	101.01	机器人急停
8	1.00	机器人运行中	8	101.02	机器人暂停
9	1.01	机器人伺服已接通			
10	1.02	机器人报警/错误			
11	1.03	机器人电池报警			
12	1.04	机器人选择远程模式			
13	1.05	机器人在作业原点			
14	1.06	机器人搬运完成			

五、搬运工作站机器人与 PLC 接口电路

1. PLC 输入信号电路

PLC 输入信号电路图如图 3-46 所示,由于传感器以及机器人的输出接口是 NPN 集电极开路型,故 PLC 的输入采用漏型接法,即 COM 端接 +24V。输入信号包括控制按钮和检测用传感器。

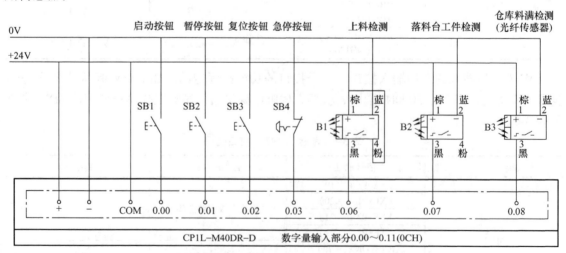

图 3-46 PLC 输入信号电路图

2. 机器人输出与 PLC 输入接口电路

机器人输出与 PLC 输入接口电路图如图 3-47 所示。CN303 的 1、2 端接外部 DC24V 电源，PLC 输入信号包括"机器人运行中"、"机器人搬运完成"等机器人的反馈信号。

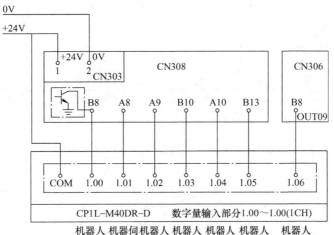

图 3-47 机器人输出与 PLC 输入接口电路图

3. 机器人输入与 PLC 输出接口电路

机器人输入与 PLC 输出接口电路图如图 3-48 所示。PLC 输出信号包括"机器人启动"、"机器人搬运开始"等控制机器人运行、停止的信号。

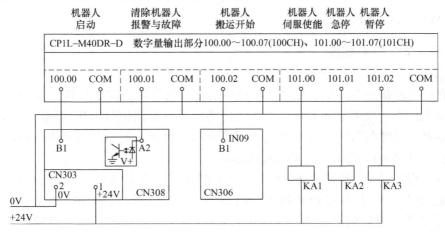

图 3-48 机器人输入与 PLC 输出接口电路图

4. 机器人专用输入接口 MXT 电路

机器人专用输入接口 MXT 电路图如图 3-49 所示。继电器 KA2 双回路控制机器人急停，KA1 控制机器人伺服使能，KA3 控制机器人暂停。

5. 机器人输出接口电路

机器人输出接口电路图如图 3-50 所示。通过通用 I/O 接口 CN307 控制电磁阀 YV1 ~ YV4，用于抓取或释放工件。

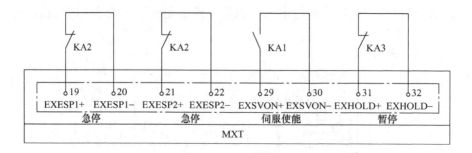

图 3-49 机器人专用输入接口 MXT 电路图

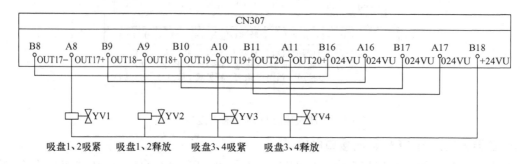

图 3-50 机器人输出接口电路图

六、搬运工作站控制程序示例

1. 搬运工作站 PLC 程序

搬运工作站 PLC 参考程序如图 3-51 所示。

只有在所有的初始条件都满足时，W0.00 得电，按下启动按钮 0.00，101.00 得电，机器人伺服电源接通；如果使能成功，机器人使能已接通反馈信号 1.01 得电，101.00 断电，使能信号解除；同时 100.00 得电，机器人程序启动，机器人开始运行程序，同时其反馈信号 1.00 得电，100.00 断电，程序启动信号解除。

如果在运行过程中，按暂停按钮 0.01，101.02 得电，机器人暂停，其反馈信号 1.00 断电。此时机器人的伺服电源仍然接通，机器人只是停止执行程序。按复位按钮 0.02，101.02 断电机器人暂停信号解除，同时 100.00 得电，机器人程序再次启动，继续执行程序。

机器人程序启动后，如果落料台上有工件且仓库未满（7 个），100.02 得电，机器人将把落料台上的工件搬运到仓库里。

如果在运行过程中，按急停按钮 0.03，101.01 得电，机器人急停，其反馈信号 1.00、1.01 断电。此时机器人的伺服电源断开，停止执行程序。

急停后，只有使系统恢复到初始状态，按复位按钮进行复位后，才可重新启动。

2. 搬运工作站机器人程序

搬运工作站机器人参考程序如图 3-52 所示。

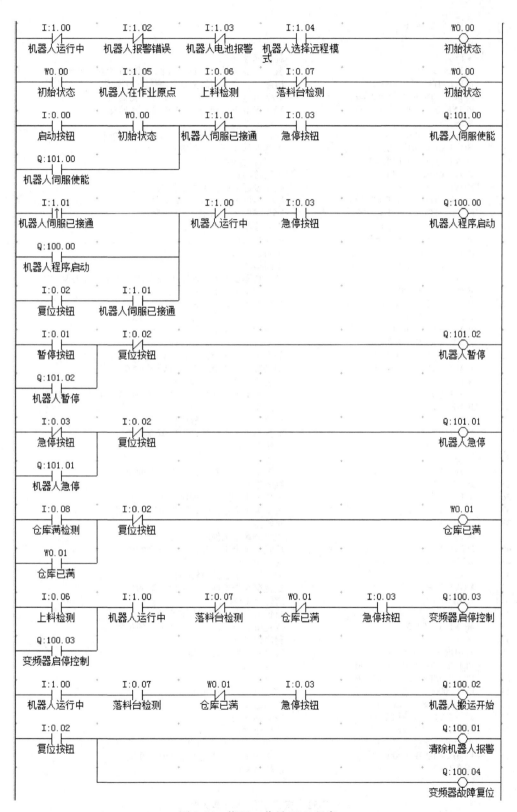

图 3-51 搬运工作站 PLC 程序

编号	程序	内容说明
1	NOP	
2	*L10	程序标号
3	CLEAR B000 1	置"搬运工件数"记忆存储器 B000 为 0；初始化
4	DOUT OT# (9) = OFF	清除"机器人搬运完成"信号；初始化
5	PULSE OT# (18) T = 2.00	YV2 得电 2s，吸盘 1、2 松开；初始化
6	PULSE OT# (20) T = 2.00	YV4 得电 2s，吸盘 3、4 松开；初始化
7	*L9	程序标号
8	WAIT IN# (9) = ON	等待 PLC 发出"机器人搬运开始"命令
9	MOVJ VJ = 10.00 PL = 0	机器人作业原点，关键示教点
10	MOVJ VJ = 15.00 PL = 3	中间移动点
11	MOVJ VJ = 50.00 PL = 3	中间移动点
12	MOVL V = 83.3 PL = 0	吸盘接近工件，关键示教点
13	PULSE OT# (17) T = 2.00	YV1 得电 2s，吸盘 1、2 吸紧
14	PULSE OT# (19) T = 2.00	YV3 得电 2s，吸盘 3、4 吸紧
15	MOVL V = 166.7 PL = 3	中间移动点
16	MOVJ VJ = 10.00 PL = 3	中间移动点
17	MOVJ VJ = 15.00 PL = 3	中间移动点
18	MOVJ VJ = 10.00 PL = 1	中间移动点
19	MOVL V = 250.0 PL = 1	到达仓库正上方（距离仓库底面在 7 个工件的厚度以上）
20	JUMP *L0 IF B000 = 0	如果搬运第 1 个工件，跳转至 *L0
21	JUMP *L1 IF B000 = 1	如果搬运第 2 个工件，跳转至 *L1
22	JUMP *L2 IF B000 = 2	如果搬运第 3 个工件，跳转至 *L2
23	JUMP *L3 IF B000 = 3	如果搬运第 4 个工件，跳转至 *L3
24	JUMP *L4 IF B000 = 4	如果搬运第 5 个工件，跳转至 *L4
25	JUMP *L5 IF B000 = 5	如果搬运第 6 个工件，跳转至 *L5
26	JUMP *L6 IF B000 = 6	如果搬运第 7 个工件，跳转至 *L6
27	*L0	放置第 1 个工件时程序标号
28	MOVL V = 83.3	放置第 1 个工件时，工件下降的位置。作为关键示教点
29	JUMP *L8	跳转至 *L8
30	*L1	放置第 2 个工件时程序标号
31	MOVL V = 83.3	放置第 2 个工件时，工件下降的位置
32	JUMP *L8	跳转至 *L8
33	*L2	放置第 3 个工件时程序标号
34	MOVL V = 83.3	放置第 3 个工件时，工件下降的位置
35	JUMP *L8	跳转至 *L8
36	*L3	放置第 4 个工件时程序标号
37	MOVL V = 83.3	放置第 4 个工件时，工件下降的位置
38	JUMP *L8	跳转至 *L8
39	*L4	放置第 5 个工件时程序标号
40	MOVL V = 83.3	放置第 5 个工件时，工件下降的位置
41	JUMP *L8	跳转至 *L8
42	*L5	放置第 6 个工件时程序标号
43	MOVL V = 83.3	放置第 6 个工件时，工件下降的位置
44	JUMP *L8	跳转至 *L8
45	*L6	放置第 7 个工件时程序标号
46	MOVL V = 83.3	放置第 7 个工件时，工件下降的位置
47	*L8	程序标号 *L8
48	TIMER T = 1.00	吸盘到位后，延时 1s
49	PULSE OT# (18) T = 2.00	吸盘 1、2 松开
50	PULSE OT# (20) T = 2.00	吸盘 3、4 松开
51	INC B000	"搬运工件数"加 1
52	MOVL V = 83.3 PL = 1	中间移动点
53	MOVJ VJ = 20.00 PL = 1	中间移动点
54	MOVJ VJ = 20.00	回作业原点
55	PULSE OT# (9) T = 1.00	向 PLC 发出 1s"机器人搬运完成"信号
56	JUMP *L9 IF B000 < 7	判断仓库是否已经满（7 个工件满）
57	JUMP *L10	跳转至 *L10
58	END	

图 3-52 搬运工作站机器人程序

当 PLC 的 100.00 输出 "1" 时，机器人 CN308 的 B1 输入口接收到该信号，机器人启动，开始执行程序。

执行到第 8 条命令时，机器人等待落料台传感器检测工件。当落料台上有工件时，PLC 的 100.02 输出 "1"，向机器人发出 "机器人搬运开始" 命令，机器人 CN306 的 9 号输出口接收到该信号，继续执行后面的程序。

由于工件在仓库里是层层码垛的，所以机器人每搬运一个工件，末端执行器要逐渐抬高，抬高的距离大于一个工件的厚度。标号 *L0 ~ *L6 的程序分别为码垛 7 个工件时，末端执行器不同的位置。

机器人如果急停，急停按钮复位后，选择示教器为 "示教模式"，通过操作示教器使机器人回到作业原点，并将程序指针指向第一条命令。

【任务实施】

任务书 3-3

姓名		任务名称	示教搬运工作站程序
指导教师		同组人员	
计划用时		实施地点	工业机器人实训室
时间		备注	
任务内容			

如下图所示工业机器人搬运工作站，机器人将落料台上的工件搬入仓库中。要求：
1. 对机器人进行示教，从落料台搬运工件到仓库。每 6 个工件为一组，6 个工件搬运完机器人停止在设定的待机位置。
2. 机器人的启动和急停使用外部 PLC 和按钮进行控制。当仓库和落料台都没有工件的时候系统才可以启动。编制 PLC 程序。

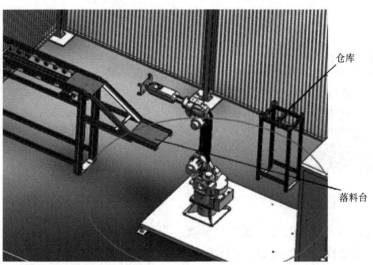

考核项目	机器人与外部接口信号的使用
	机器人工具坐标的设定
	机器人搬运程序的示教
	PLC 控制机器人启动停止的基本方法

（续）

资料	工具	设备
工业机器人安全操作规程	常用工具	
MH6 使用说明书		工业机器人搬运工作站
工业机器人搬运工作站说明书		

任务完成报告 3-3

姓名		任务名称	示教搬运工作站程序
班级		小组成员	
完成日期		分工内容	

1. 写下示教完成的机器人搬运程序。

2. 画出 PLC 控制部分的梯形图。

任务四　备份搬运工作站程序

对于长期工作的搬运工作站系统，可能会发生断电或者非技术人员误操作的情况，从而导致程序丢失或不能正常运行，所以制定维护计划，定期对工业机器人的系统和程序进行备份存档，是系统长期稳定运行的一份保障。

【知识准备】

一、系统备份参数类型

DX100 在线保存时的数据可分成 8 个种类，分别为：①程序；②条件文件/用数据；③用户内存总括；④参数；⑤系统数据；⑥I/O 数据；⑦CMOS 总括；⑧系统总括。

参数、系统数据、I/O 数据及包含这些信息的参数总括、CMOS 总括、系统总括中包含各机器人控制柜特有的信息。这些数据是作为控制柜再次进行写入备份时使用。若安装其他控制柜的数据，可能毁坏、丧失系统数据，或发生非主观意愿的机器人动作，或使系统不能正常启动。备份用的数据不要安装到其他控制柜。不同的控制柜即使安装相同的程序，由于两者的机器人原点位置、结构性的机械误差，都会导致二者的轨迹产生差异。运行前要充分注意，做好动作确认。

二、备份用的设备

为保存、读取程序或参数等数据，DX100 可使用表 3-8 所示的外部存储装置。

表 3-8　存储装置手法一览表

设备	功能种类	多媒体介质（保存/读取地）	必要的附加选项功能
CF：示教编程器	标准	CF 卡	不用，示教编程器内置 CF 插槽
USB：示教编程器	标准	USB 闪存	不用，示教编程器内置 USB 插槽
FC1	选择	2DD 软盘、电脑（FC1 软件）	FC1 或电脑和 FC1 软件
FC2	选择	2DD 软盘、2HD 软盘	FC2
PC	选择	电脑（MOTOCOM32 软件）	RS-232 通信时需要具备"数据传输功能"和"MOTOCOM32"，以太网通信时需要具备"Ethernet 功能"
FTP	选择	电脑等 FTP 服务器	"数据传输功能"、"Ethernet 功能"、"FTP 功能"

1. CF 卡

CF 卡采用闪存（flash）技术，是一种稳定的存储解决方案，不需要电池来维持其中存储的数据。对所保存的数据来说，CF 卡比传统的磁盘驱动器安全性和保护性都更高。在使用 CF 卡时，需要采用 FAT16 或 FAT32 文件格式。CF 卡安装形式如图 3-53 所示。

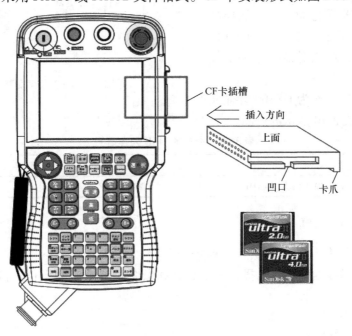

图 3-53　CF 卡安装示意

CF 卡插入时有方向。将示教编程器画面冲上，使中央两端的凹口及卡爪向下，慢慢插入。若强行插入,可能导致 CF 卡或 CF 卡插槽损坏。CF 卡插入示教编程器后,使用时请务必关上插槽的外盖。

当使用 CF 卡作为 DX100 存储装置时,建议使用表 3-9 所示的产品。

表 3-9 推荐的 CF 卡型号

序号	厂家	型号	注释
1	HAGIWARA SYS-COM	MCF10P-256MS（IOOAⅡ-YE2）	SSD-C25M3512
2	HAGIWARA SYS-COM	MCF10P-512MS	512MB
3	HAGIWARA SYS-COM	MCF10P-A01GS	1GB
4	HAGIWARA SYS-COM	MCF10P-A02GS	2GB
5	AiliconSystem	SSD-C25M3512	xxMB 容量最大为 2GB

2. USB 存储

USB 闪存驱动器,是一种使用 USB 接口的无需物理驱动器的微型高容量移动存储产品,通过 USB 接口与电脑连接,实现即插即用。在使用 USB 闪存作为 DX100 存储装置时,需要采用 FAT16 或 FAT32 文件格式。USB 闪存安装形式如图 3-54 所示。

USB 闪存插入时有方向。将示教编程器画面冲着背面,使 USB 闪存插口冲上,慢慢插入。若强行插入,可能导致 USB 闪存或 USB 插槽损坏。USB 闪存插入示教编程器后,使用时请务必关上插槽的外盖。

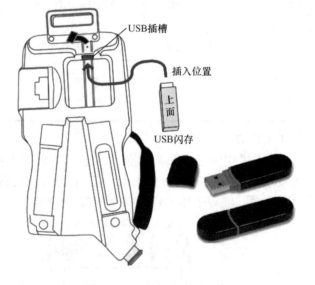

图 3-54 USB 闪存安装示意

当使用 USB 闪存作为 DX100 存储装置时,建议使用表 3-10 所示的产品。

表 3-10 推荐的 USB 闪存型号

序号	厂家	型号	注释
1	HAGIWARA SYS-COM	UDG3-GA 系列	1GB 和 2GB

三、系统备份流程

对 DX100 参数进行备份和恢复一般需要经过以下几个步骤:选择设备、选择文件夹(子文件夹)、选择数据种类、选择目标数据、执行备份或恢复的操作。操作菜单的结构如图 3-55 所示。

1. 程序的备份

程序的备份步骤如下所示。

步骤1:选择主菜单的【外部存储】。

步骤2:选择【保存】,此时显示保存画面如图 3-56 所示。

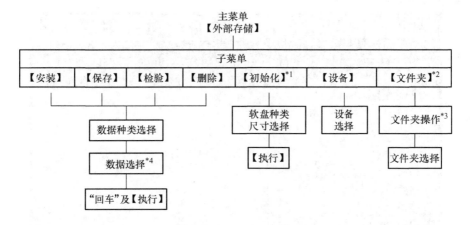

图 3-55　外部存储菜单结构

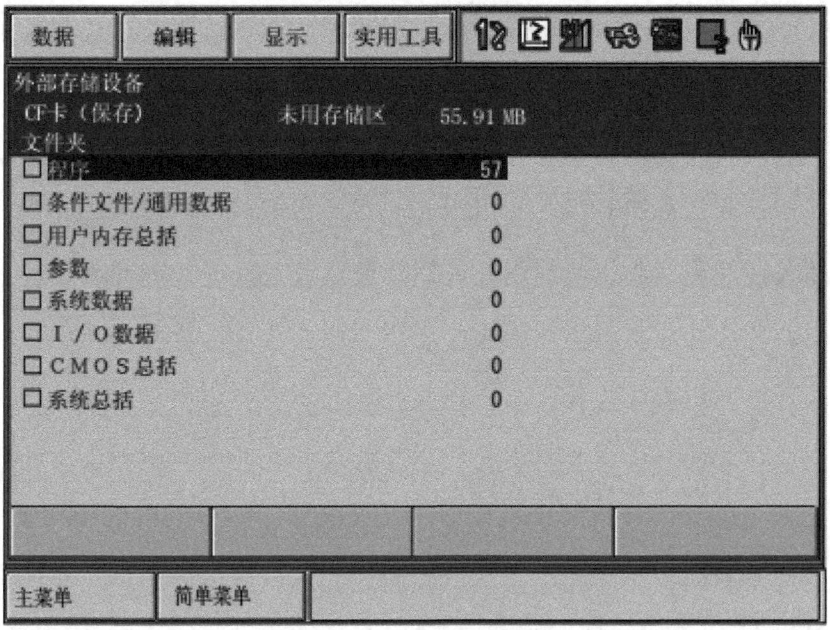

图 3-56　保存画面

步骤 3：选择程序，显示程序一览，如图 3-57 所示，此时显示的内容与系统中具体存有的程序有关。

步骤 4：选择保存程序。在选择的文件夹中若有同名的文件存在时，无印记显示；若不存在同名的文件时，末尾带 ＊ 号。使用方向键上下移动光标，在需要保存的程序位置按 选择 ，此时被选择程序显示 "★"，如图 3-58 所示。

步骤 5：按 回车 ，显示确认对话框，如图 3-59 所示。

步骤 6：选择 "是"，保存被选择的程序。

其他数据文件的保存流程基本一致。"③用户内存总括"、"⑦ CMOS 总括"、"⑧系统

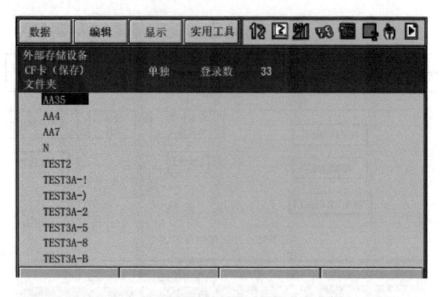

图 3-57　程序一览

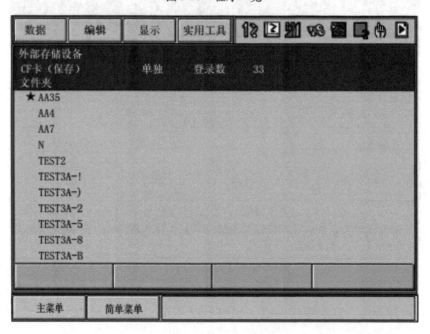

图 3-58　程序选择画面

总括"可进行覆盖保存。"①程序"、"②条件文件/通用数据"、"④参数"、"⑤系统数据"、"⑥I/O 数据"不可覆盖保存。所以，在保存前，请删除设备中的对象文件再保存。当设备为闪存时，可另建文件夹进行保存，故无须进行删除。

图 3-59　文件保存确认对话框

2. 安装 I/O 数据

数据的安装是指从外部存储装置向 DX100 传输数据的操作。参数、系统数据、I/O 数据及包含这些信息的参数总括、CMOS 总括、系统总括中包含各机器人控制柜特有的信息。这些数据是专门为保存数据的机器人再次读入备份时使用。其他机器人的数据可导致重要的系统信息破坏、丢失。因此需要注意对保存数据的保管。下面以 I/O 数据的安装为例介绍安装的过程。

步骤 1：选择主菜单中的【外部存储】。

步骤 2：选择【安装】，显示安装画面，如图 3-60 所示。

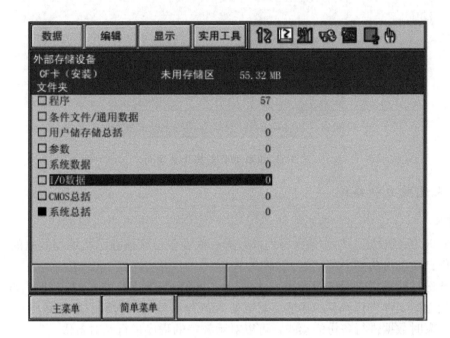

图 3-60　安装画面

步骤 3：选择【I/O 数据】，显示 I/O 选择画面，如图 3-61 所示。

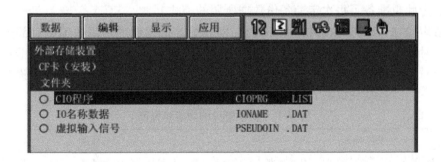

图 3-61　I/O 选择画面

步骤 4：选择要安装的 I/O 数据。被选择的 I/O 数据带"★"号，如图 3-62 所示。

步骤 5：按"回车"。显示确认对话框，如图 3-63 所示。

步骤 6：选择"是"。安装被选择的 I/O 数据。

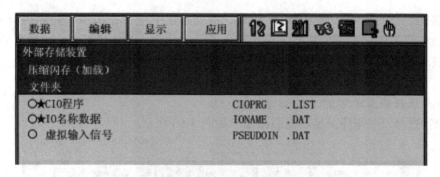

图 3-62 I/O 数据选择画面

图 3-63 I/O 数据选择确认画面

四、系统的自动备份

1. 概要

把 DX100 系统设定、动作条件等内部数据一次性备份到插在示教编程器里的 CF 卡内，此功能称作自动备份功能。

自动备份功能是指 DX100 万一发生故障为了能够尽快恢复，可以事前把内部保存数据做成一个独立的文件进行保存的功能。对机器人进行示教时，内部的数据做出相应的变化，选择示教结束时数据进行备份的模式，可以对示教完的程序进行及时备份。

示教是否结束根据示教编程器的模式是否由示教模式切换为再现模式来判断。示教作业以外，对内部存储数据的变更就是根据再现动作变更的机器人当前位置和变量值等。但是，这些是根据执行程序而变更的，这些数据基本上没有必要永久保存。这些数据定期备份就足够使用了。为此也准备了每次定期备份数据所用的模式。

自动备份是在 DX100 内部物理性的内存领域里，把存储的内部数据所有部分全部一次性保存。此时如有未完全保存的数据，保存的数据不齐全的话，不能恢复的可能性也有。为此再现动作时或者机器人动作中时，设定了不能进行自动备份。自动备份功能设定为在非再现动作状态下，并且是在机器人停止时进行。自动备份功能有如表 3-11 所示的功能和特征。

表 3-11 自动备份的功能和特征

序号	功能特征	目的效果
1	周期性的备份：示教模式时，根据基准时刻每定期时间进行备份	编辑作业中，尽量把最新的数据进行备份。尽量把数据丢失控制在最小
2	模式切换时的备份：从示教模式切换为再现模式时，进行备份	编辑作业结束时，所编辑的内容要确保进行备份。自动备份完成度高的数据
3	启动时备份：DX100 启动时进行备份	DX100 启动时进行备份。DX100 的电源关闭时，通常编辑／再现作业完成时会自动备份完成度较高的数据

(续)

序号	功能特征	目的效果
4	专用输入备份：给专用输入信号（#40560）通信时，进行备份	根据从上位得到的信号在计算好的时间内进行备份。针对于上述1~3无意识备份来说，本功能是得到上位的指示有意识地进行备份
5	机器人停止中的备份：再现中不能进行备份。即使是再现模式时，如果机器人是停止的话，则可以进行备份（周期性的备份及专用输入备份）	保存重要数据，备份变量
6	优先度低的备份和重试：用优先度低的进行备份，在备份中对操作和动作受影响时，延时进行备份	备份处理时为了不影响操作和动作，在备份中可以操作示教编程器
7	二进制数据备份：备份文件的数据形式是二进制。数据范围和外部存储的存储项目的"系统一次性"一样，数据形式不同	可以容易并快速地恢复系统
8	设定项目的限制：备份条件的设定作业可以通过参数限定	也可以避免错误的、不必要的设定

2. 设定方法

自动备份设定步骤如下所示。

步骤1：接通DX100的电源，已经设定为使用自动备份功能的情况时，可以直接插入CF卡。

步骤2：把CF卡插入示教编程器的插口里。

步骤3：将安全模式变更为管理模式。

步骤4：选择主菜单的【设置】。

步骤5：选择【设定自动备份】，显示自动备份设定画面，如图3-64所示。

自动备份设定画面中各参数含义如表3-12所示。

表3-12 自动备份设定画面中各参数含义

序号	功能	含义
1	指定时间备份	设定从基准时刻的周期性备份有效／无效。每按【选择】后无效/有效可以切换。指定时间用序号2、3、4的参数设定。每当进行2、3、4数值设定时，指定时间备份变成"无效"，切换成"有效"请在2、3、4设定后进行。另外2、3、4设定不正确时，请不要切换为"有效"，此时请重新设定
2	基准时间	设定执行指定时间备份时候的基准时间。以基准时间为中心，备份周期部分的时间为备份时间。DX100电源接通后，在最近备份时间里进行第一次自动备份。第2次以后的自动备份，是在备份周期的间隔里进行。基准时间的设定范围是0时0分~23时59分
3	备份周期	设定执行指定时间备份的周期。初次备份执行后，每次到备份周期时进行备份。备份周期的单位是分，设定范围是10~9999，比重新备份周期的数值大
4	重新备份周期	设定执行备份延期时重新备份的周期。备份延期后，每当到备份重新周期进行重新备份。重新备份周期的单位是分，设定范围是0~255，比备份周期的数值小。设定值是0时，不能重新备份

（续）

序号	功能	含义
5	模式切换备份	设定【示教】→【再现】模式切换时的备份有效/无效。每当按【选择】时，无效/有效进行切换
6	启动自动备份	设定DX100启动时的备份有效/无效。每当按【选择】时，进行无效/有效切换
7	专用输入备份	设定专用输入信号（#40560）的输入（0→1）备份有效/无效。每当按【选择】时，进行有效/无效切换
8	异常时通用输出信号	自动备份异常时，把1输出到指定的通用输出信号。所说的自动备份异常时是指"这次备份开始时、上次备份没有完成时（含重新备份）"
9	异常时显示	自动备份异常时的通知方法设定为报警或错误。按【选择】时，进行报警/错误切换
10	报警中备份	设定报警发生中是否进行备份。按【选择】进行是/否切换
11	最大保存数	设定自动备份希望保存的最大文件数。本项目的右侧用（Max）显示的数表示的是插入的CF卡能保存的最大数。设定范围1～（Max）的值。变更这个设定值，备份文件开始整理
12	备份文件	本画面显示的是插入的CF卡内的备份文件有/无及个数
13	最新备份文件	本画面显示的是插入的CF卡内备份文件中最新文件的日期
14	文件整理	修改最大保存数，进行CF卡里的备份文件的整理。即使不修改保存数，也可执行此作业进行文件整理

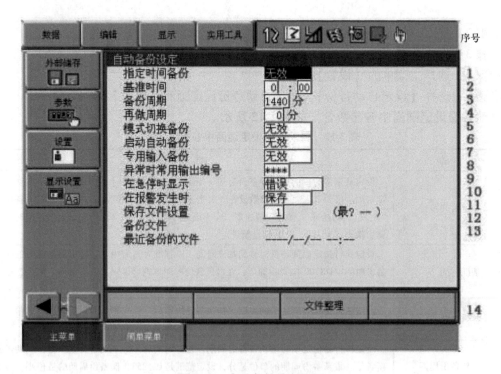

图3-64 自动备份设定画面

步骤 6：必要的项目设定后，按【回车】。

3. 设定举例

1）基准时间：12 点 30 分，备份周期：60 分，重新备份周期：10 分，如图 3-65 所示。

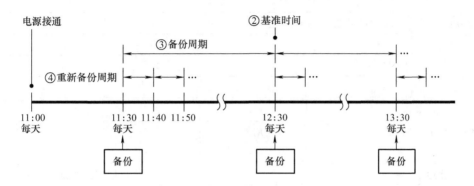

图 3-65　自动备份设定示例 1

2）基准时间：20 点 00 分，备份周期：1440 分（24 小时），重新备份周期：60 分，如图 3-66 所示。

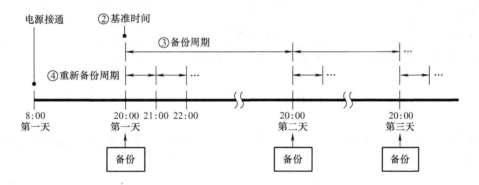

图 3-66　自动备份设定示例 2

【任务实施】

任务书 3-4

姓名		任务名称	备份搬运工作站程序
指导教师		同组人员	
计划用时		实施地点	工业机器人实训室
时间		备注	
任务内容			
1. 认识 DX100 系统备份参数类型 2. 认识各种常用备份介质和备份方式 3. 掌握系统备份的基本流程 4. 熟悉系统自动备份设定方法			

（续）

考核项目	系统备份方式选择
	系统程序及参数备份方法
	系统程序及参数恢复方法
	系统自动备份计划制定及设定

资料	工具	设备
工业机器人安全操作规程	常用工具	工业机器人搬运工作站
MH6 使用说明书		
工业机器人搬运工作站说明书		

任务完成报告 3-4

姓名		任务名称	备份搬运工作站程序
班级		小组成员	
完成日期		分工内容	

1. 选取一种存储介质，将任务三中所示教的机器人程序进行备份。

2. 根据实训室机器人使用具体情况，制定一份工业机器人系统自动备份方案，并在系统中对相应参数进行设定。制作 PPT，对方案作简要的说明。

【考核与评价】

学生自评表 3　　　　　　　　　　年　　月　　日

项目名称	工业机器人搬运工作站现场编程				
班级		姓名		学号		组别	
评价项目	评价内容			评价结果（好/较好/一般/差）	
专业能力	认识工业机器人搬运系统组成及各部分功能				
	会设定机器人前端工具坐标、重量等相关信息				
	会使用机器人外部接口信号对机器人进行控制				
	能对机器人搬运工作站进行示教，完成搬运任务				
	能制定备份计划，对机器人系统进行备份				

（续）

评价项目	评价内容	评价结果（好/较好/一般/差）
方法能力	能够遵守安全操作规程	
	会查阅、使用说明书及手册	
	能够对自己的学习情况进行总结	
	能够如实对自己的情况进行评价	
社会能力	能够积极参与小组讨论	
	能够接受小组的分工并积极完成任务	
	能够主动对他人提供帮助	
	能够正确认识自己的错误并改正	
自我评价及反思		

学生互评表3　　　　　　　　　年　　月　　日

项目名称	工业机器人搬运工作站现场编程					
被评价人	班级		姓名		学号	
评 价 人						
评价项目	评价标准				评价结果	
团队合作	A. 合作融洽					
	B. 主动合作					
	C. 可以合作					
	D. 不能合作					
学习方法	A. 学习方法良好，值得借鉴					
	B. 学习方法有效					
	C. 学习方法基本有效					
	D. 学习方法存在问题					
专业能力（勾选）	认识工业机器人搬运系统组成及各部分功能					
	会设定机器人前端工具坐标、重量等相关信息					
	会使用机器人外部接口信号对机器人进行控制					
	能对机器人搬运工作站进行示教，完成搬运任务					
	能制定备份计划，对机器人系统进行备份					
综合评价						

教师评价表3　　　　　　　　年　月　日

项目名称	工业机器人搬运工作站现场编程		
被评价人	班级	姓名	学号
评价项目	评价内容	评价结果（好/较好/一般/差）	
专业认知能力	认识工业机器人搬运系统组成及各部分功能		
	认识DX100系统构成及外部控制信号类型		
	认识机器人系统各主要参数		
	能够理解任务要求的含义		
专业实践能力	会设定机器人前端工具坐标、重量等相关信息		
	会使用机器人外部接口信号对机器人进行控制		
	能对机器人搬运工作站进行示教，完成搬运任务		
	能制定备份计划，对机器人系统进行备份		
	能够正确地使用设备和相关工具		
	能够遵守安全操作规程		
	能够正确填写任务报告记录		
社会能力	能够积极参与小组讨论		
	能够接受小组的分工并积极完成任务		
	能够主动对他人提供帮助		
	能够正确认识自己的错误并改正		
	善于表达和交流		
综合评价			

【学习体会】

_____
_____
_____
_____
_____

【思考与练习】

1. 简要描述工业机器人搬运工作站系统基本构成及作用。
2. 简述安川电机工业机器人前端工具的主要参数有哪些以及在系统中设定的一般步骤。
3. DX100 控制柜主要由哪几部分构成,简述每一部分的功能。
4. 简述机器人主要的外部控制信号有哪些,画出其连接方式。
5. 通过网络等手段,查询任一种国产工业机器人搬运系统构成及应用场合,并撰写报告。

项目四 工业机器人弧焊工作站现场编程

20世纪80年代初，随着计算机技术、传感器技术的发展，弧焊机器人逐渐得到普及，特别是近十几年来由于世界范围内经济的高速发展，市场的激烈竞争使那些用于中、大批量生产的焊接自动化专机已不能适应小规模、多品种的生产模式，逐渐被具有柔性的焊接机器人代替，焊接机器人得到了巨大的发展，焊接已成为工业机器人应用最大的领域之一，焊接机器人在汽车、摩托车、工程机械等领域都得到了广泛的应用。

【学习目标】

知识目标：
1）熟悉熔化极气体保护焊的基本知识。
2）熟悉工业机器人弧焊工作站的相关知识。
3）熟悉焊枪、焊接电源等相关知识。
4）熟悉工业机器人与外部接口的相关知识。

能力目标：
1）能根据现有系统编写系统说明书。
2）能够对工业机器人焊枪参数进行设置。
3）能够熟练设置焊接参数。
4）能够对弧焊工作站进行示教编程。

【工作任务】

任务一　认识弧焊工作原理
任务二　认识弧焊工作站
任务三　使用弧焊命令
任务四　示教弧焊工作站程序

任务一　认识弧焊工作原理

电弧焊是目前应用最广泛的焊接方法，包括焊条电弧焊、熔化极气体保护焊、等离子弧焊等。绝大部分电弧焊是以电极与工件之间燃烧的电弧作为热源，使金属产生融化，从而形成焊缝。影响焊接质量的因素很多，了解焊接的原理，有助于合理设置机器人焊接系统的焊接参数，从而获得较好的焊接效果。

一、熔化极气体保护焊的基本原理

熔化极气体保护焊（英文简称 GMAW）是采用连续等速送进可融化的焊丝与被焊工件之间的电弧作为热源来融化焊丝和母材金属，形成熔池和焊缝的焊接方法，如图 4-1 所示。

利用焊丝 3 和母材 9 之间的电弧 10 来熔化焊丝和母材，形成熔池 7，熔化的焊丝作为填充金属进入熔池与母材融合，冷凝后即为焊缝金属 8。通过喷嘴 5 向焊接区喷出保护气体，使其处于高温的熔化焊丝、焊池及其附近的母材免受周围空气的有害作用。焊丝是连续的，由送丝轮 2 不断地送进焊接区。操作方式主要是半自动焊和自动焊两种。

作为填充金属的焊丝，有实心的和药芯两类，前者一般含有脱氧用的和焊缝金属所需要的合金元素，后者的药芯成分及作用与焊条的药皮相似。

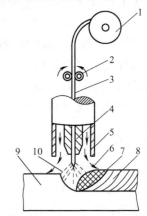

图 4-1　熔化极气体保护焊示意图
1—焊丝盘　2—送丝轮　3—焊丝　4—导电嘴　5—喷嘴　6—保护气体　7—熔池　8—焊缝金属　9—母材　10—电弧

二、熔化极气体保护焊的种类

保护气体性质不同，则电弧形态、熔滴过渡和焊道形状等都不同，对焊接结果有重要影响。所以，熔化极气体保护焊主要是按照保护气体进行分类，如图 4-2 所示。另一方面根据焊丝端头熔滴过渡形态，除了典型的喷射过渡电阻焊外，还有短路过渡电弧焊法和脉冲电弧焊法。

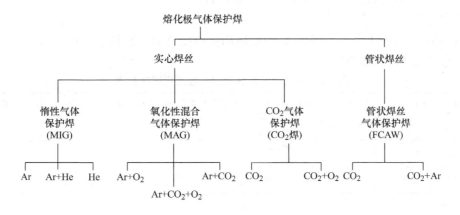

图 4-2　熔化极气体保护焊分类

1）熔化极惰性气体保护焊，英文简称 MIG。使用的惰性气体可以是氩（Ar）、氦（He）、或氩与氦混合，因惰性气体与液态金属不发生冶金反应，只起包围焊接区使之与空气隔离的作用，所以电弧燃烧稳定，熔滴向熔池过渡平稳、安定、无激烈飞溅。这种方法最适用于铝、铜、钛等有色金属的焊接，也可用于钢材，如不锈钢、耐热钢等的焊接。

2）熔化极氧化性混合气体保护焊，英文简称 MAG，使用的保护气体是由惰性气体和少量氧化性气体（如 O_2、CO_2 或其混合气体等）混合而成。加入少量氧化性气体的目的，是在不改变或基本上不改变惰性气体电弧特性的条件下，进一步提高电弧稳定性，改善焊缝成形和降低电弧辐射强度等。这种方法常用于黑色金属材料的焊接。

3）二氧化碳气体保护焊，简称 CO_2 焊，CO_2 亦具有氧化性，本质上也属于 MAG。使用 CO_2 作保护气体是因其来源容易，价格低廉。但由于 CO_2 的热物理特性和化学特性，需要在焊接过程中从设备、工艺以及焊丝等方面采取措施，才能获得良好的焊接效果。目前，CO_2 焊已成为黑色金属材料最重要的焊接方法之一，在很多工艺部门中代替了焊条电弧焊和埋弧焊。

4）药芯焊丝气体保护电弧焊又称管状焊丝气体保护焊，英文简称 FCAW。在焊丝内部装有粉状焊剂，又称芯料。通过调整焊剂的各种元素的含量，可以达到改善焊接工艺性能、提高焊缝的力学性能和接头的内外质量。焊接时，主要采用 CO_2 作保护气体。它也是目前用于焊接黑色金属材料的重要焊接方法之一，有很大的发展前景。

三、熔化极气体保护焊的适用范围

1. 适焊的材料

被焊金属材料的范围受保护气体性质、焊丝供应和制造成本等因素的影响。惰性气体保护焊使用惰性气体，既可以焊接黑色金属又可以焊接有色金属，但从焊丝供应及制造成本考虑主要用于铝、铜、钛及其合金，以及不锈钢、耐热钢的焊接。氧化性混合气体保护焊和 CO_2 焊主要用于焊接碳钢、低合金高强度钢。氧化性混合气体保护焊常焊接较为重要的金属结构，CO_2 焊则广泛用于普通的金属结构。

2. 焊接位置

熔化极气体保护焊适应性较好，可以进行全方位焊接，其中以平焊位置和横焊位置焊接效率最高，其他焊接位置的效率也比焊条电弧焊高。

3. 可焊厚度

表 4-1 给出了熔化极气体保护焊的一般使用的厚度范围。原则上开坡口多层焊的厚度是无限的，它仅受经济因素限制。

表 4-1 熔化极气体保护焊一般适用厚度范围

焊件厚度/mm	0.13	0.4	1.6	3.2	4.8	6.4	10	12.7	19	25	51	102	203
单层无坡口细焊丝		←→											
单层带坡口				←→									
多层带坡口 CO_2 焊						←→							→

四、熔化极气体保护焊的关键工艺参数

影响熔化极气体保护焊的焊缝熔深、焊道几何形状和焊接质量的工艺参数如下：焊接电流（送丝速度）、极性、电弧电压（弧长）、焊接速度、焊丝伸出长度、焊丝倾角、焊接接头位置、焊丝直径、保护气体成分和流量。

对于这些参数的影响和控制的目的是为了获得质量良好的焊缝。这些参数并不是完全独立的，改变某一个参数就要求同时改变另一个或另一些参数，以便获得所要求的结果。选择

最佳的工艺参数需要较高的技能和丰富的经验。最佳工艺参数受下列因素影响：母材成分、焊接位置、质量要求。因此对于每一种情况，为获得最佳结果，工艺参数的搭配可能有几种方案，而不是唯一的一种。

1. 焊接电流

当所有其他参数保持恒定时，焊接电流与送丝速度或熔化速度以非线性关系变化。当送丝速度增加时，焊接电流也随之增大。焊接电流与送丝速度之间的关系如图4-3所示，对每一种直径的焊丝，在低电流时曲线接近于线性。可是在高电流时，特别是细焊丝时，曲线变为非线性。随着焊接电流的增大，熔化速度以更高的速度增加，这种非线性关系将继续增大，这是由于焊丝伸出长度的电阻热引起的。

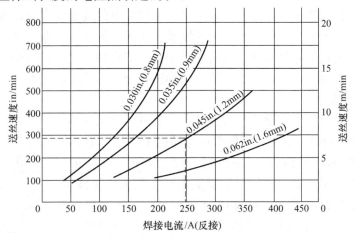

图4-3 焊接电流与送丝速度之间的关系

2. 极性

极性的概念是用来描述焊枪与直流电源输出端子的电气连接方式。当焊枪接正极端子时表示为直流电极正（DCEP），称为反接。相反，当焊枪接负极端子时表示为直流极负（DCEN），称为正接。熔化极气体保护焊大多采用DCEP。这种极性时，电弧稳定，熔滴过渡平稳，飞溅较低，焊缝成形较好和在较宽的电流范围内熔深较大。

DCEN是极少采用的。因为不采取特殊的措施就不可能实现轴向喷射过渡。DCEN焊丝的熔敷率很高，但因熔滴过渡呈现不稳定的大滴过渡形式，实际上难以采用。为此，焊接时向氩气保护气体中加入氧气超过5%（要求向焊丝中加入脱氧元素补偿氧化烧损）或者使用含有电离剂的焊丝（增加了焊丝的成本）来改善熔滴过渡。在这两种情况下，熔敷率下降，而失去了改变极性的优越性。然而，DCEN已经在表面工程中得到了一些应用。

3. 电弧电压（弧长）

电弧电压和弧长是常常被相互替代的两个术语。对于熔化极气体保护焊，弧长的选择范围很窄，必须小心地控制。例如在惰性气体保护焊喷射过渡工艺中，如果弧长太短，就会造成瞬时短路。这将对气体保护效果有影响，由于空气卷入而易形成气孔或吸收氮而硬化。如果电弧过长，则电弧易发生漂移，从而影响熔深与焊道的均匀性和气体保护效果。

弧长是一个独立参数，而电弧电压却不同。电弧电压不但与弧长有关，而且还与焊丝成分、焊丝直径、保护气体和焊接技术有关。此外电弧电压是在电源的输出端子上测量的，所以它还包含焊接电缆长度和焊丝伸出长度的电压降。当其他参数不变时，电弧电压与弧长成正比关系。在电流一定的情况下，当电弧电压增加时焊道将会变成宽而平坦，电压过高时，将会产生气孔、飞溅和咬边。当电弧电压降低时，将会使焊道变成窄而高和熔深减小，电压过低时将产生焊丝插桩现象。

4. 焊接速度

焊接速度是指电弧沿焊接接头运动的线速度。其他条件不变时，中等焊接速度时熔深最大，焊接速度降低时，则单位长度焊缝上的熔敷金属量增加。在很慢的焊接速度时，焊接电弧冲击熔池，而不是母材，这样会降低有效熔深，焊道也将加宽。

相反，焊接速度提高时，在单位长度焊缝上由电弧传给母材的热能上升，这是因为电弧直接作用于母材。但是当焊接速度进一步提高，单位长度焊缝上向母材过渡的热能减少，则母材的熔化是先增加后减少。而提高焊接速度就产生咬边倾向，其原因是高速焊时熔化金属不足以填充电弧所熔化的路径和熔池金属在表面张力的作用下而向焊缝中心聚集的结果。当焊缝速度更高时，还会产生驼峰焊道，这是因为液体金属熔池较长而发生失稳的结果。

5. 焊丝伸出长度

焊丝伸出长度是指导电嘴端头到焊丝端头的距离，如图4-4所示。随着焊丝伸出长度的增大，焊丝的电阻也增大。电阻热引起焊丝的温度升高，同时也引起少许增大焊丝的熔化率。另一方面，增大焊丝电阻，在焊丝伸出长度上将产生较大的压降。这一现象传感到电源，就会通过降低电流加以补偿。于是焊丝熔化率也立即降低，使得电弧的物理长度变短，这样一来将获得窄而高的焊道。当焊丝伸出长度过大时，将使焊丝的指向性变差和焊道成形恶化。短路过渡时合适的伸出长度是6～13mm，其他熔滴过渡形式为13～25mm。

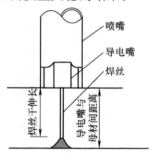

图4-4 焊丝的干伸长

6. 焊枪角度

就像所有的电弧焊方法一样，焊枪相对于焊接接头的方向影响着焊道的形状和熔深，这种影响比电弧电压或焊接速度的影响还大。焊枪角度可从下述两个方面来描述：焊丝周线相对于焊接方向之间的角度（行走角）和焊丝轴线与相邻工作表面之间的角度（工作角）。当焊丝指向焊接表面的相反方向时，称为右焊法；当焊丝指向焊接方向时，称为左焊法，如图4-5所示。

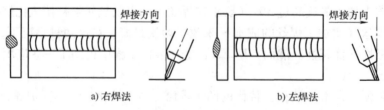

图4-5 焊枪角度

当其他焊接条件不变时，焊丝从垂直变为左焊法时，熔深减小而焊道变为较宽和较平。在平焊位置采用右焊法时，熔池被电弧力吹向后方，因此电弧能直接作用在母材上，而获得较大熔深，焊道变为窄而凸起，电弧较稳定和飞溅较小。对于各种焊接位置，焊丝的倾角大多选择在10°～15°范围内，这时可实现对熔池良好的控制和保护。

7. 焊接接头位置

焊接结构的多样化，决定了焊接接头位置的多样性，如有平焊、仰焊和立焊，而立焊还含有向上立焊和向下立焊等。为了焊接不同位置的焊缝，不仅要考虑到熔化极气体保护焊的熔滴过渡特点，而且还要考虑到熔池的形成和凝固点。

对于平焊和横焊位置焊接，可以使用任何一种熔化极气体保护焊技术，如喷射过渡法和短路过渡法都可以得到良好的焊缝。而对于全位置焊却不然，虽然喷射过渡法可以将熔化的焊丝金属过渡到熔池中去，但因电流较大，而形成较大的熔池，从而使熔池难以在仰焊和向上立焊位置上保持，常常引起熔池铁水流失。这时就必须考虑到小熔池容易保持的特性，所以只有采用低能量的脉冲或短路过渡的工艺才可能实现。

8. 焊丝尺寸

对于每一种成分和直径的焊丝都有一定的可用电流范围。熔化极气体保护焊工艺中所使用的焊丝直径范围为0.4~5mm。通常半自动焊多用直径0.4~1.6mm较细的焊丝，而自动焊常采用较粗焊丝，其直径为1.6~5mm。

各种直径焊丝的适用电流范围如表4-2所示。可见细丝采用的电流较小，而粗丝使用的电流较大。焊丝直径的选择如表4-3所示，细丝主要用于薄板和任意位置焊接，采用短路过渡和脉冲MAG焊。而粗丝多用于厚板、平焊位置，以提高焊接熔敷率和增加熔深。

表4-2 不同直径焊丝的电流范围

焊丝直径/mm	CO_2 焊电流范围/A	氧化性混合气体保护焊（MAG）	
		直流电流范围/A	脉冲电流范围/A（平均值）
0.4	—	20~70	
0.6	40~90	25~90	
0.8	50~120	30~120	
1.0	70~180	50~300（260）	
1.2	80~350	60~440（320）	60~350
1.6	140~500	120~550（360）	80~500
2.0	200~550	450~650（400）	—
2.5	300~650	—	
3.0	500~750	—	
4.0	600~850	650~800（630）	
5.0	700~1000	750~900（700）	

表4-3 焊丝直径的选择

焊丝直径/mm	熔滴过渡形式	可焊板厚/mm	焊缝位置
0.5~0.8	短路过渡	0.4~3.2	全位置
	射滴过渡	2.5~4	水平
	脉冲射滴过渡	—	—
1.0~1.4	路过渡	2~8	全位置
	射滴过渡（CO_2）	2~12	水平
	射流过渡（MAG）	>6	水平
	脉冲射滴过渡	2~9	全位置

(续)

焊丝直径/mm	熔滴过渡形式	可焊板厚/mm	焊缝位置
1.6	短路过渡	3～12	全位置
	射滴过渡（CO_2）	>8	水平
	射流过渡（MAG）	>8	水平
	脉冲射滴过渡（MAG）	>3	全位置
2.0～5.0	射滴过渡（CO_2）	>10	水平
	射流过渡（MAG）	>10	水平
	脉冲射滴过渡（MAG）	>6	水平

9. 保护气体

保护气体的主要作用是防止空气的有害作用，实现对焊缝和近缝区的保护。因为大多数金属在空气中加热到高温，直到熔点以上时，很容易被氧化和氮化，而生成氧化物和氮化物。如氧与液态铜水中的碳进行反应生成一氧化碳和二氧化碳。这些不同的反应产物可以引起焊接缺陷，如夹渣、气孔和焊缝金属脆化。

保护气体除了提供保护环境外，保护气体的种类和其流量还将对下列特性产生影响：电弧特性、熔滴过渡形式、熔深与焊道形状、焊接速度、咬边倾向和焊缝金属的力学性能。常用氧化性混合气体的特点及应用范围如表4-4所示。

表4-4 常用氧化性混合气体的特点及应用范围

被焊材料	保护气体	特点和应用范围
碳钢及低合金钢	$Ar + O_2$（1%～5%） $Ar + O_2$（20%）	采用射流过渡，使熔滴细化，降低了射流过渡的临界电流值，提高了熔池的氧化性，提高抗 N_2 气孔的能力，降低焊缝含 H_2 量、含 O_2 量及夹杂物，提高焊缝的塑性及抗冷裂的能力。用于焊缝要求较高的场合
	$Ar + CO_2$（20%～30%）	可采用各种过渡形式，飞溅小，电弧稳定，焊缝成形好，有一定的氧化性，克服了单一 Ar 保护时阴极漂移及金属粘稠的现象，改善蘑菇形熔深，焊缝力学性能优于纯 Ar 保护
	$Ar + CO_2$（15%）+ O_2（5%）	可采用各种过渡形式，飞溅小，电弧稳定，焊缝成形好，有较好的焊接质量，焊缝断面形状及熔深理想。是焊接碳钢及低合金钢的最佳混合气体
不锈钢及高强度钢	$Ar + O_2$（1%～2%）	提高熔池的氧化性，降低焊缝金属含氢量，增大熔深，成形好，液体金属粘度及表面张力有所降低，不易产生气孔及咬边，克服阴极漂移现象
	$Ar + CO_2$（5%）+ O_2	提高了氧化性，熔深大，焊缝成形较好，但焊缝可能有少量增碳
铝及其合金	$Ar + CO_2$（2%）	可简化焊前清理工作，电弧稳定，飞溅小，抗气孔能力强，焊缝力学性能较高

【任务实施】

任务书 4-1

姓名		任务名称	认识弧焊工作原理
指导教师		同组人员	
计划用时		实施地点	工业机器人仿真实训室
时间		备注	
任务内容			

1. 认识熔化极气体保护焊的基本原理
2. 认识熔化极气体保护焊的种类
3. 认识熔化极气体保护焊的应用范围
4. 认识熔化极气体保护焊的关键工艺参数
5. 通过网络查询认识熔化极气体保护焊的相关设备

考核项目	描述熔化极气体保护焊的基本原理
	能根据焊接要求选取熔化极气体保护焊类型
	能根据焊接要求初步选择熔化极气体保护焊的参数
	使用 PPT 汇报通过网络等手段获取的常用焊接设备信息

资料	工具	设备
工业机器人安全操作规程	常用工具	
MA1400 使用说明书		
工业机器人弧焊工作站说明书		
		工业机器人弧焊工作站

任务完成报告 4-1

姓名		任务名称	认识弧焊工作原理
班级		小组成员	
完成日期		分工内容	

1. 简述熔化极气体保护焊的基本工作原理。

2. 简述熔化极气体保护焊的主要工艺参数及作用。

3. 简述熔化极气体保护焊的类型。

4. 通过网络等手段查询熔化极气体保护焊的常用设备及作用。

任务二 认识弧焊工作站

弧焊工作站是由机器人握持焊枪，完成焊接动作，可以稳定和提高焊接质量，改善工人劳动条件，提高劳动生产率。弧焊工作站一般由机器人、焊接电源、焊枪等部分构成，焊接参数可以由机器人进行设定也可由焊机直接设定，在工作使用过程中，需要定期更换导电嘴，清理焊枪内的杂质。

【知识准备】

一、概述

弧焊机器人是应用最广泛的一类工业机器人，在各国机器人应用比例中占总数的

40%~60%。采用机器人焊接是焊接自动化的革命性进步,它突破了传统的焊接刚性自动化方式,开拓了一种柔性自动化新方式。刚性自动化焊接设备一般都是专用的,通常用于中、大批量焊接产品的自动化生产,因而在中、小批量产品焊接生产中,焊条电弧焊仍然是主要焊接方式,焊接机器人使小批量产品的自动化焊接生产成为可能。就目前的示教再现型焊接机器人而言,焊接机器人完成一项焊接任务,只需人给它做一次示教,它即可精确地再现示教的每一次操作,如果机器人去做另一项工作,无需改变任何硬件,只要对它再做一次示教即可。因此,在一条焊接机器人生产线上,可同时自动生产若干焊件。

弧焊机器人可以被应用在所有的电弧焊、切割技术范围及类似的工艺方法中,最常用的应用范围是结构钢和CrNi钢的熔化极活性气体保护焊(CO_2焊、MAG)、铝及特殊合金熔化极惰性气体保护焊(MIG)、CrNi钢和铝的加冷丝和不加冷丝的钨极惰性气体保护焊(TIG)以及埋弧焊。除气割、等离子弧切割及等离子弧喷涂外还实现了在激光切割上的应用。

图4-6是一套完整的弧焊机器人工作站系统,它包括机器人本体、电焊机、焊枪、送丝机构和变位机等。

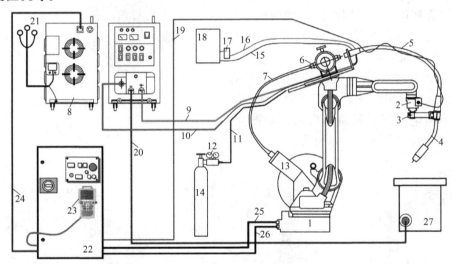

图4-6 弧焊机器人工作站构成

1—机器人本体 2—防碰撞传感器 3—焊枪把持器 4—焊枪 5—焊枪电缆 6—送丝机构 7—送丝管 8—焊接电源 9—功率电缆(+) 10—送丝机构控制电缆 11—保护气软管 12—保护气流量调节器 13—送丝盘架 14—保护气瓶 15—冷却水冷水管 16—冷却水回水管 17—水流开关 18—冷却水箱 19—碰撞传感器电缆 20—功率电缆(-) 21—焊机供电一次电缆 22—机器人控制柜 YASNAC XRC 23—机器人示教盒(PP) 24—焊接命令电缆(I/F) 25—机器人供电电缆 26—机器人控制电缆 27—夹具及工作台

二、弧焊机器人

弧焊用的工业机器人通常有5个以上自由度,具有6个自由度的机器人可以保证焊枪在任意空间的轨迹和姿态。点至点方式移动速度达60m/min以上,其轨迹重复精度可达到0.2mm,它们可以通过示教和在线方式或通过编程方式工作。

MOTOMAN-MA1400机器人是当今世界上最先进的弧焊专用机器人,其外形如图4-7所示,它的动作速度、精度及可靠性体现了机器人的先进水平。它与高性能的DX100控制柜及配备6.5in LCD彩色显示触摸屏的示教编程器的结合，提高了机器人的可操控性。

其主要特点如下：

(1) 运动性能好　与其他机型相比，MOTOMAN-MA系列机器人具有更快的轴动作速度。轻型机体和具备轨迹精度控制及振动抑制控制的DX100控制柜的有机结合，减弱了机器人启动和停止瞬间的颤动，从而缩短了机器人的运行周期。

(2) 可焊工件的范围大　MOTOMAN-MA系列机器人将焊丝、焊接电缆和冷却水管藏于机器人手臂内，消除了焊枪电缆与工件和周边设备的干涉。没有了电缆的干涉，MA机器人可以实现以前被认为比较困难的工件内部的焊接、连续焊接和圆周焊接。图4-8所示为MA机器人在一些特殊场合的应用。

(3) 送丝顺畅　送丝机构安装在最佳位置，焊丝送入焊枪电缆内时比较平直，腕部B轴仰起时焊枪电缆仅有轻微的弯曲，如图4-9所示。这些改进大大提高了焊接质量。

图4-7　MA1400外形

a) 圆柱形工件的圆周焊接　　b) 箱形工件的焊接　　c) 狭窄空间内的焊接

图4-8　MA机器人在一些特殊场合的应用

图4-9　MA机器人在B轴弯曲时送丝示意

（4）工作范围大并且本体结构设计紧凑 送丝机的外形尺寸减小及安装位置的优化使送丝机与周边设备的干涉半径降低，仅为 $R325mm$，而最大可达半径为 $R1\ 904mm$，送丝机构安装位置如图 4-10 所示。

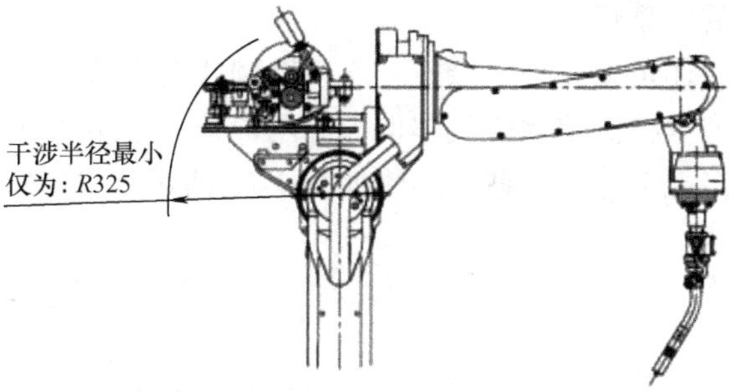

三、焊接电源

熔化极气体保护焊设备使用的电源有直流和脉冲两种，一般不使用交流电源。通常采用的直流电源有：磁放大器式弧焊整流器、晶闸管弧焊整流器、晶体管式和逆变式等几种。

图 4-10 送丝机构安装位置示意

利用细焊丝（直径小于 1.6mm）焊接低碳钢、低合金钢及不锈钢时，一般采用平特性或缓降特性的电源，配以等速送丝式送丝机构。这种匹配的优点是，当弧长发生变化时可引起较大的电流变化，电弧自动调节作用强，能够很好地保证弧长的稳定。同时，参数调节方便，通过改变送丝速度可调节电流，改变电源的外特性可调节电压。实际应用的平特性电源并不是真正的平特性电源，其外特性均有一定的倾斜率，但一般不大于5V/100A。这种匹配方式的熔化极气体保护焊设备适用于薄板及中厚度板的焊接。

利用亚射流过渡工艺焊接铝及铝合金时，一般采用恒流特性的电源，配以等速送丝的送丝机构，依靠电弧的固有自调节作用来保证弧长的稳定。利用该类设备焊接时的最大优点是，焊缝成形及熔深非常均匀。

采用粗焊丝（直径大于 3.0mm）进行熔化极气体保护焊焊接时，电弧的自调节作用很弱。为了保证弧长自动调节的精度及灵敏度，一般采用均匀送丝（弧压反馈）式送丝机构，配以陡降特性或垂直特性的电源，依靠弧压反馈调节作用保证弧长的稳定。这种均匀送丝熔化极气体保护焊设备通常用于中厚度板及大厚度板的焊接。这种焊接设备的优点是，焊接速度快、效率高，焊接成本低，焊缝质量高。

MOTOWELD-EL350 是数字式逆变控制的多功能自动焊接电源，其外形如图 4-11 所示，可以实现 CO_2 气体保护焊、MIG 焊及 MAG 焊，适合于普通碳钢、不锈钢及铝材的焊接。该焊接电源专门为弧焊机器人而设计，有 MOTOMAN 机器人的专用通信控制接口，引弧成功率高，防粘丝功能强，使焊接生产率大提高。焊接电源内可以追加始端检出电路板，以协助完成焊接始端检出。

图 4-11 MOTOWELD-EL350 焊接电源外形图

四、焊枪

熔化极气体保护焊的焊枪可用来进行手工操作（半自动焊）和自动焊（安装在机器人等自动装置上）。这些焊枪包括用于大电流、高生产率的重型焊枪和适用于小电流、全位置焊的轻型焊枪。

还可以分为水冷或气冷及鹅颈式或手枪式，这些形式既可以制成重型焊枪，也可以制成轻型焊枪。熔化极气体保护焊用焊枪的基本组成如下：导电嘴、气体保护喷嘴、送丝导管和焊接电缆等，这些元器件如图4-12所示。

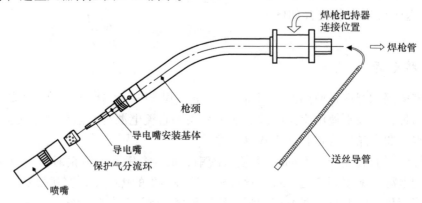

图4-12　焊枪示意图

在焊接时，由于焊接电流通过导电嘴将产生电阻热和电弧的辐射热的作用，将使焊枪发热，所以常常需要水冷。气冷焊枪在CO_2焊时，断续负载下一般可使用高达600A的电流。但是，在使用氩气或氮气保护焊时，通常只限于200A电流，超过上述电流时，应该采用水冷焊枪。半自动焊枪通常有两种形式：鹅颈式和手枪式，鹅颈式焊枪应用最广泛，它适合于细焊丝，使用灵活方便，可达性好。而手枪式焊枪适用于较粗的焊丝，它常常采用水冷。自动焊焊枪的基本构造与半自动焊焊枪相同，但其载流容量大，工作时间长，一般都采用水冷。

导电嘴由铜或铜合金制成，其外形如图4-13所示。因为焊丝是连续送给的，焊枪必须有一个滑动的电接触管（一般称导电嘴），由它将电流传给焊丝。导电嘴通过电缆与焊接电源相连。导电嘴的内表面应光滑，以利于焊丝送给和良好导电。

一般导电嘴的内孔应比焊丝直径大0.13~0.25mm，对于铝焊丝应更大些。导电嘴必须牢固地固定在焊枪本体上，并使其定位于喷嘴中心。导电嘴与喷嘴之间的相对位置取决于熔滴过渡形式。对于短路过渡，导电嘴常常伸到喷嘴之外；而对于喷射过渡，导电嘴应缩到喷嘴内，最多可以缩进3mm。

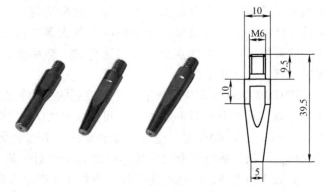

图4-13　导电嘴及其典型尺寸

焊接时应定期检查导电嘴，如发现导电嘴内孔因磨损而变长或由于飞溅而堵塞时就应立即更换。为便于更换导电嘴，它常采用螺纹连接。磨损的导电嘴将破坏电弧稳定性。

喷嘴应使保护气体平稳地流出，并覆盖在焊接区。其目的是防止焊丝端头、电弧空间和熔池金属受到空气污染。根据应用情况可选择不同尺寸的喷嘴，一般直径为 10~22mm。较大的焊接电流产生较大的熔池，则用大喷嘴。而小电流和短路过渡焊时用小喷嘴。对于电弧点焊，喷枪喷嘴应开出沟槽，以便气体流出。

五、送丝机构

送丝装置由下列部分构成：焊丝送进电动机、保护气体开关电磁阀和送丝滚轮等，如图4-14 所示。

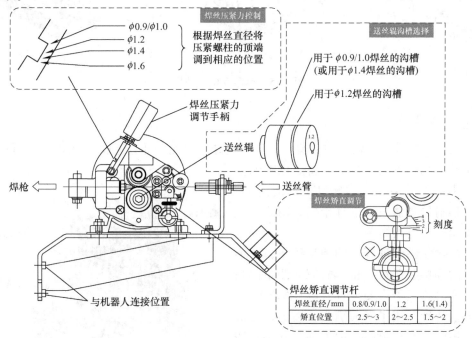

图 4-14　送丝机结构图

焊丝供给装置是专门向焊枪供给焊丝的，在机器人焊接中主要采用推丝式单滚轮送丝方式。即在焊丝绕线架一侧设置传送焊丝滚轮，然后通过导管向焊枪传送焊丝。在铝合金的 MIG 焊接中，由于焊丝比较柔软，所以在开始焊接时或焊接过程中焊丝在滚轮处会发生扭曲现象，为了克服这一难点，采取了各种措施。

六、变位机

在我国，焊接变位机是一个年轻的产品。由于制造业之间发展水平的差异，很多企业的焊接工位还没有装备焊接变位机；同时，相关的研究也比较薄弱。迄今为止，没有专门著作去研究它的定义和分类，对它的称呼也就不可能规范化了。同一种设备，不同的企业和不同的人可能有不同的称呼。如：转胎、转台、翻转架、变位器或变位机等。

用来拖动待焊工件，使其待焊焊缝运动至理想位置进行施焊作业的设备，称为焊接变位机，如图 4-15 所示。也就是说，把工件装夹在一个设备上，进行施焊作业。焊件待焊焊缝的初始位置，可能处于空间任一方位。通过回转变位运动后，使任一方位的待焊焊缝，变为船角焊、平焊或平角焊施焊作业，完成这个功能的设备称为焊接变位机。它改变了可能需要立焊、仰焊等难以保证焊接质量的施焊操作。从而保证了焊接质量，提高了焊接生产率和生产过程的安全性。

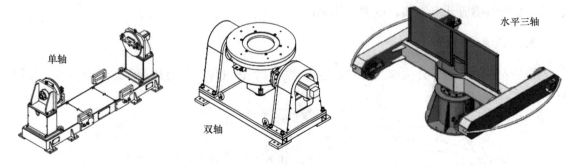

图 4-15　典型变位机外形

七、清枪装置

自动清枪剪丝装置由清枪站、剪丝机构和喷硅油单元三部分组成，如图 4-16 所示。

清枪站采用三点固定方式，将焊枪喷嘴固定于与铰刀同心位置，铰刀转动的同时上升，将喷嘴上粘附的焊渣飞溅清理干净。精确高效的清枪站用于机器人焊接。

剪丝机构能够保证焊丝的剪切质量，并能提供最佳的焊接起弧效果和焊枪 TCP 测量的精确程度（TCP 指机器人安装的工具工作点）。

喷硅油装置采用了双喷嘴交叉喷射，使硅油能更好地到达焊枪喷嘴的内表面，确保焊渣与喷嘴不会发生死粘连，由此能有效地减少焊枪喷嘴的清理次数和延长其使用寿命。

当焊接结束后，需要对焊枪进行清理，一般步骤是剪丝、清枪、喷油，然后就可以再次进行焊接，自动清枪的步骤如图 4-17 所示。

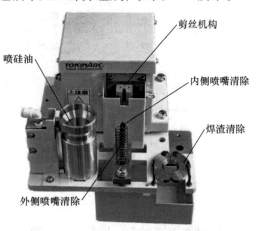

图 4-16　自动清枪装置结构

图 4-17　自动清枪步骤

八、焊接供气系统

熔化极气体保护焊要求可靠的气体保护。供气系统的作用就是保证纯度合格的保护气体在焊接时以适宜的流量平稳地从焊枪喷嘴喷出。目前国内保护气体的供应方式主要有瓶装供气和管道供气两种，但以钢瓶装供气为主。

瓶装供气系统主要由钢瓶、气体调节器、电磁气阀、电磁气阀的控制电路及气路构成，如图4-18所示。对于混合气体保护，还应使用配比器，以稳定气体配比，提高焊接质量。

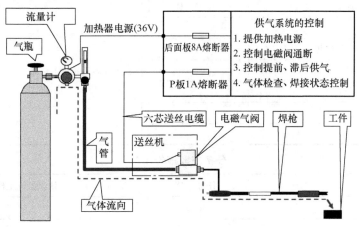

图4-18 供气系统连接示意图

【任务实施】

任务书4-2

姓名		任务名称	认识弧焊工作站
指导教师		同组人员	
计划用时		实施地点	工业机器人仿真实训室
时间		备注	
任务内容			
1. 认识工业机器人弧焊工作站的基本构成 2. 认识工业机器人弧焊工作站各组成部分功能 3. 认识 MA1400 工业机器人基本性能参数 4. 通过网络等手段查询一种弧焊工作站的构成			
考核项目	描述工业机器人弧焊工作站的构成		
	通过网络查询 MA1400 机器人相关技术资料		
	使用 PPT 汇报一种弧焊工作站的构成		

(续)

资料	工具	设备
工业机器人安全操作规程	常用工具	工业机器人弧焊工作站
MA1400 使用说明书		
工业机器人弧焊工作站说明书		

任务完成报告 4-2

姓名		任务名称	认识弧焊工作站
班级		小组成员	
完成日期		分工内容	

1. 简述工业机器人弧焊工作站的构成及各部分的功能。

2. 简述 MA1400 机器人主要性能特点及应用场合。

3. 通过网络查询一种弧焊工作站的构成,画出其系统基本示意,描述其基本原理,撰写报告,并制作 PPT 进行汇报。

任务三 使用弧焊命令

焊接用的工业机器人,其控制系统及示教面板有一些针对性的设计,如使用示教面板快捷地测试焊接系统、调节焊接参数等。在进行焊接之前需要对焊机的特性参数进行设置,然后使用焊接命令实现焊接。各种焊接命令参数的选择,会对焊缝质量产生一定的影响。

【知识准备】

一、弧焊专用示教按键

弧焊专用键在数字键上的位置分配如图 4-19 所示，各个特殊按键的功能如表 4-5 所示。

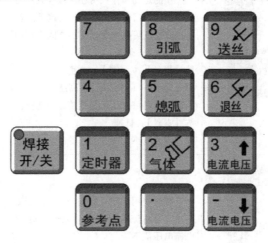

图 4-19　弧焊专用键

表 4-5　弧焊专用键的功能

名称	图标	功能
定时器	1 定时器	将定时器（TIMER）命令登录到程序中时使用该按键
参考点	0 参考点	将参考点（REFP）登录到程序中时、或变更已登录的参考点（REFP）时使用该按键。还可用"参考点"+"前进"键，让机器人向登录的参考点移动。动作时，开始键灯灭
引弧	8 引弧	将引弧命令"ARCON"登录到程序中时使用该按键
熄弧	5 熄弧	将熄弧命令"ARCOF"登录到程序中时使用该按键
气体	2 气体	使用该按键对焊接气体进行确认，该功能在调节保护气体流量时使用。焊接气体只有在持续按"气体"键期间输送。该操作只是打开/关闭保护气体的电磁阀，对程序的示教内容没有影响，只能在示教模式下进行

(续)

名称	图标	功能
送丝 退丝	9 送丝 6 退丝	让焊丝点动时使用该按键。按【送丝】键，焊丝送出；按【退丝】键，焊丝退回。这些按键只有在持续按下时，送丝电动机工作。该操作只是将焊丝送出、退回，与程序的示教内容无关 焊丝的点动操作只可在示教模式进行。根据电焊机的不同，有的电焊机不能退丝，有的电焊机不能高速送丝、高速退丝 送丝速度可在3个速度挡之间进行切换： 按【送丝】：低速 按【送丝】+【高】：中速 按【送丝】+【高速】：高速 退丝速度可在2个速度挡之间切换： 按【退丝】：低速 按【退丝】+【高速】：高速
电流电压	3 ↑电流电压 - ↓电流电压	再现时使用该键对焊接条件进行变更 按【↑电流电压】键，电流、电压值上升，若按【↓电流电压】键，电流电压值下降
焊接开关	焊接开/关	当安全模式为"管理模式"时，若按该按钮，使 LED 灯亮，即使是试验运行，也可进行焊接

二、焊机特性文件

1. 焊机特性文件的定义

焊机特性文件登录了焊机的电流特性、电压特性等数据文件。使用该文件，执行与焊机配套的控制。

将焊机焊接时输出的电流、电压叫做焊接电流、焊接电压。要使焊机输出满意的焊接电流/电压，需要 DX100 控制柜向焊机发出恰当的命令。由 DX100 控制柜发出的命令，分别叫做焊接电流的命令值、焊接电压的命令值。命令值的范围在 0~14V 之间（有的焊机是 0~-14V）。对于控制柜发来的命令值，焊机输出的焊接电流、电压因电焊机的不同而各异。显示命令值与输出值的相互关系就是输出特性。此外，由几个命令值测量的输出值（测量值）已登录在焊机特性文件中。焊接电流的输出特性如图 4-20 所示。

焊机的特性文件分为三种，分别为执行文件、用户初始值文件和厂家初始值文件。执行文件是设定焊机特性文件的文件。用户初始值文件是供用户保存焊机特性文件（执行文件）的文件，可登录 64 个机型的数据。厂家初始值文件是厂家提供的具有代表性的焊机特性文件，登录了 24 个机型的数据。从用户初始值文件或者从厂家初始值文件中，将所需机型的文件读入执行文件，即可对焊机特性文件进行设定。

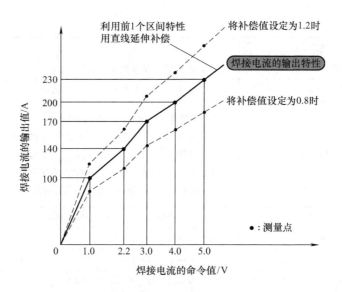

图 4-20 焊接电流的输出特性实例

2. 焊机特性文件的设定画面

焊机的特性文件画面如图 4-21 所示。

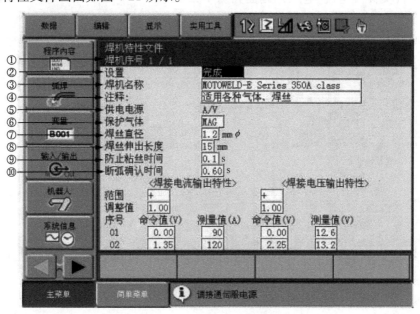

图 4-21 焊机的特性文件画面

焊机特性文件各部分作用如表 4-6 所示。

表 4-6 焊机特性文件各部分作用

序号	名称	作用
①	焊机号	(1~8),表示焊机序号
②	设置	如果文件中有任何修改,光标显示为"未完成"。当数据设定结束后,把光标放到"未完成",按【选择】,设定结束,显示"完成"

(续)

序号	名称	作用
③	焊机名称	半角 16 个字符（全角 8 个字符）以内
④	注释	半角 32 个字符（全角 16 个字符）以内
⑤	焊机电源	显示焊机特性文件设定的电压命令方法 当显示为"一元"时：在图 4-22 的焊机特性文件（电流/电压）画面，可用单位"%"输入设定的电压测量值 当显示为"个别"时：在图 4-22 的焊机特性文件（电流/电压）画面，可用单位"V"输入设定的电压测量值
⑥	保护气体	（CO_2、MAG），设定保护气体的种类
⑦	焊丝直径	（0~9.9mm），焊丝的直径
⑧	焊丝的伸出长度	（0~99mm），焊丝从焊枪导电嘴伸出的长度
⑨	防粘丝处理时间	（0~9.9s）设定焊接结束时的防粘丝处理的时间
⑩	断弧的识别时间	（0~2.55s），在焊接中若发生断弧，设定从探测到断弧到停止机器人动作的时间

焊机的特性文件（电流/电压）画面如图 4-22 所示。

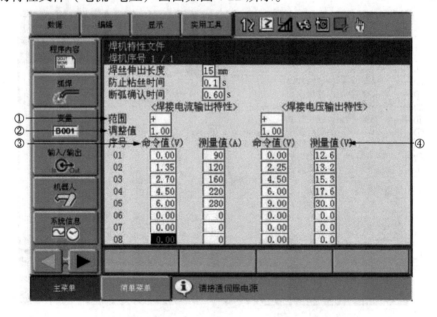

图 4-22 焊机的特性文件（电流/电压）画面

焊机的特性文件（电流/电压）各部分作用如表 4-7 所示。

表 4-7 焊机的特性文件（电流/电压）各部分作用

序号	名称	作用
①	范围	特指焊接电流及焊接电压各命令值的极性。正极时，命令范围为 0~14.00V；负极时，命令范围为 0~-14.00V
②	调整值	（0.80~1.20），对焊接电流、焊接电压输出值进行补偿的值

(续)

序号	名称	作用
③	命令值	(0~14.00V)，焊接电流及焊接电压的命令值
④	测量值	(0~999A)、(0~50.0V) 及 (50%~150%)，用命令值进行测量时焊接电流、焊接电压的输出值

3. 焊机特性文件的设定过程

焊机特性文件的设定步骤如下所示。

步骤1：在主菜单中选择【弧焊】。

步骤2：选择【焊机特性文件】，显示焊机特性画面。

步骤3：在菜单中选择【数据】。

步骤4：选择【读入】。

步骤5：选择焊机特性数据的序号，按翻页键，厂家初始值与用户初始值互换。

厂家初始值画面显示登录的初始值（1~24）画面如图4-23所示。

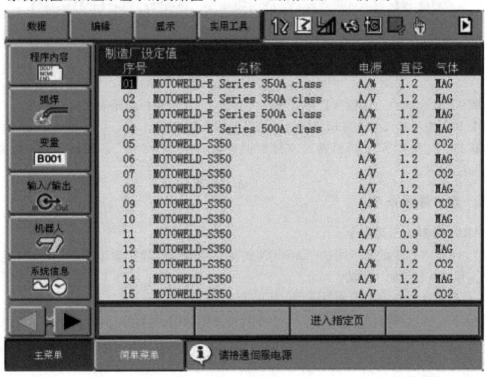

图4-23 焊机特性厂家初始设定值

用户初始值画面显示登录的用户初始值文件（1~64）如图4-24所示。

步骤6：选择好相应的文件号，选择【回车】，显示确认对话。如果是新建的焊机特性文件，可以省略步骤3~6。

步骤7：使用【选择】键、【方向】键、【回车】键、【数字】键等，对焊机特性参数进行修改，当进行数值修改时，焊机特性画面中的设置选项显示为未完成。

步骤8：将光标移动到设置选项，将其修改为完成。

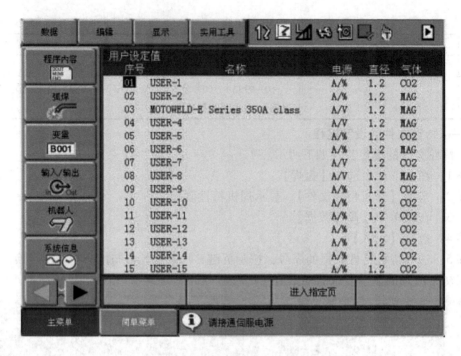

图 4-24　焊机特性用户初始设定值

步骤 9：从菜单的【数据】中选择【写入】，显示用户初始值画面。

步骤 10：选择写入号，显示确认对话框，如图 4-25 所示。

步骤 11：选择"是"，焊机特性文件数据登录。若选择"否"，返回焊机特性文件画面。

三、常用焊接命令

1. ARCON 输出引弧命令

（1）ARCON 命令的基本用法　ARCON 的主要功能是向焊机输出引弧信号、启动焊接的命令。有以下三种使用方法。

1）把各种条件作为添加项目进行设定的方法。

ARCON　AC = 200　AVP = 100　T = 0.50　V = 60　RETRY

2）使用引弧条件文件的方法，此时的焊接条件用引弧条件文件设定。

ARCON　ASF#（1）

3）不使用添加项目的方法，此时在执行 ARCON 命令前，预先用焊接条件设定命令（ARCSET）设定焊接条件。

ARCON

（2）ARCON 命令的结构参数　ARCON 命令的完整结构如图 4-26 所示。

完整结构中各参数含义如表 4-8 所示。

（3）ARCON 命令引弧条件文件设定　选择主菜单【弧焊】中的子菜单【引弧条件】，可以调出引弧条件文件设定画面，引弧条件文件中的各种条件标签分为提前送气、引弧条件、焊接条件及其他。用横向光标键（←，→）向各条件标签移动。

项目四　工业机器人弧焊工作站现场编程

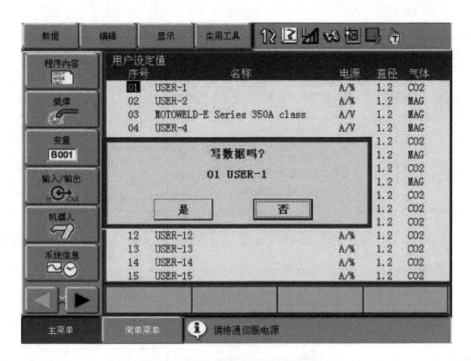

图 4-25　焊机特性数据登录确认画面

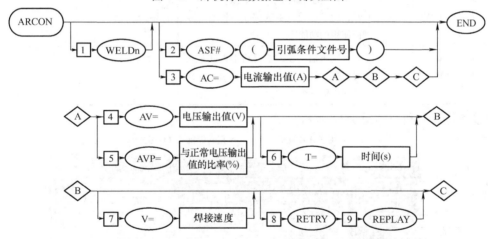

图 4-26　ARCON 命令的完整结构

表 4-8　ARCON 命令各参数含义

序号	参数	说明	备注
1	WELDn	选择焊机 1~8	
2	ASF#（引弧条件文件号）	指定引弧文件号。引弧条件文件中登录了引弧时的条件	序号：1~48 B/I/D/LB/LI/LD 可用变量指定序号
3	AC＝电流输出值	指定焊接电流的输出值	电流值：1~999A B/I/D/B [ ] /I [ ] /D [ ] /LB/LI/LD/LB [ ] /LI [ ] /LD [ ]　可用变量指定电流输出值

· 151 ·

（续）

序号	参数	说明	备注
4	AV = 电压输出值	指定焊接电压输出值。焊接电压的输出值在焊接电源为"个别"时需要指定	电压值：0.1～50.0V B/I/D/B [ ] /I [ ] /D [ ] /LB/LI/LD/LB [ ] /LI [ ] /LD [ ] 可用变量指定电压输出值（单位：0.1V）
5	AVP = 与正常电压输出值的比率	指定与焊接电压正常输出值的比率。与焊接电压输出值的比率在焊接电源为"一元"时，需要指定	比率：50%～150% B/I/D/B [ ] /I [ ] /D [ ] /LB/LI/LD/LB [ ] /LI [ ] /LD [ ] 可用变量指定电压输出值
6	T = 时间	指定引弧时的定时值	单位：s I/LI/I [ ] /LI [ ] 可用变量指定时间（单位：0.01s）
7	V = 焊接速度	指定焊接时的速度	速度：0.1～1500.0mm/s 可通过参数设定变更显示单位 B/B [ ] /LB/LB [ ] /I/I [ ] /LI/LI [ ] /D/D [ ] /LD/LD [ ] 可用变量指定速度（单位：0.1mm/s）
8	RETRY	指定再引弧功能。当电弧发生错误时，为了不让机器人停止、作业中断而使用的功能	
9	REPLAY	指定再启动模式。再启动模式是在再引弧功能有效时，实施再引弧动作模式中的一个	

焊接条件标签画面如图 4-27 所示。

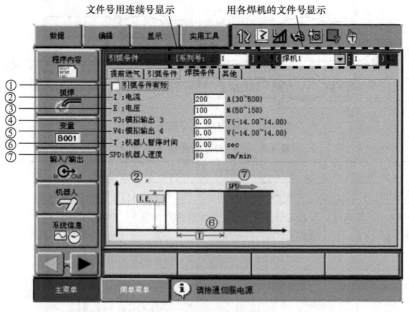

图 4-27 焊接条件标签画面

焊接条件各参数含义如表 4-9 所示。

表 4-9　焊接条件各参数含义

序号	功能	备注
①	指定引弧条件有效/无效	若实施确认，引弧条件即刻生效
②	电流值（30~500A）	焊接电流的输出值
③	电压值（12.0~45.0V，50%~150%）	焊接电压的输出值
④	模拟输出 3（-14.00~14.00）	设定为增强模式时显示。模拟输出 3 向焊接电源输出的命令值。使用时，需要增设带模拟输出口的 YEW 基板、XEW02 基板
⑤	模拟输出 4（14.00~14.00）	设定为增强模式时显示。从模拟输出 4 向焊机输出的命令值。使用时需要增设带模拟输出口的 YEW 基板、XEW 基板
⑥	机器人停止时间（0~10.00s）	引弧时机器人停止、不移动的时间。当引弧条件有效时，由于机器人的停止时间由【引弧条件】设定，所以焊接条件不能显示
⑦	机器人速度（1~600cm/min）	设定焊接时的速度。但是，当作业区间的速度由移动命令设定时，移动命令设定的速度优先

2. ARCOF 输出熄弧命令

（1）ARCOF 命令的基本用法　ARCOF 命令的主要功能是关闭向焊机输出的引弧信号、结束焊接的命令，有以下三种使用方法。

1）将各个条件作为添加项目进行设定的方法。

ARCOF　　AC=160　　AVP=70　　T=0.50　　ANTSTK

2）使用熄弧条件文件的方法，此时的熄弧条件用熄弧条件文件设定。

ARCOF　　AEF#（1）

3）不带添加项目的方法。

ARCON

（2）ARCOF 命令的结构参数　ARCOF 命令的完整结构如图 4-28 所示。

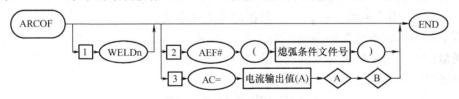

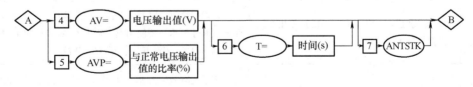

图 4-28　ARCOF 命令的完整结构

完整结构中各参数含义如表 4-10 所示。

表 4-10 ARCOF 命令各参数含义

序号	参数	说明	备注
1	WELDn	选择焊机 1~8	
2	AEF#（熄弧条件文件号）	指定熄弧条件文件号。熄弧条件文件中登录了焊接结束时的条件	序号：1~12 B/I/D/LB/LI/LD 可用变量指定序号
3	AC = 电流输出值	指定焊接电流的输出值	电流值：1~999A B/I/D/B [ ]/I [ ]/D [ ]/LB/LI/LD/LB [ ]/LI [ ]/LD [ ] 可用变量指定电流输出值
4	AV = 电压输出值	指定焊接电压输出值。焊接电压的输出值在焊接电源为"个别"时需要指定	电压值：0.1~50.0V B/I/D/B [ ]/I [ ]/D [ ]/LB/LI/LD/LB [ ]/LI [ ]/LD [ ] 可用变量指定电压输出值（单位：0.1V）
5	AVP = 与正常电压输出值的比率	指定与焊接电压正常输出值的比率。与焊接电压输出值的比率在焊接电源为"一元"时，需要指定	比率：50%~150% B/I/D/B [ ]/I [ ]/D [ ]/LB/LI/LD/LB [ ]/LI [ ]/LD [ ] 可用变量指定电压输出值
6	T = 时间	指定焊接结束时的定时器值	单位：s I/LI/I [ ]/LI [ ] 可用变量指定时间。（单位：0.01s）
7	ANTSTK	指定自动粘丝解除功能。使用自动粘丝解除功能时，当被探测到粘丝时，不马上输出"粘丝中"的信号，而是施加一定的电压，自动解除粘丝	

（3）ARCOF 熄弧条件文件设定　选择主菜单【弧焊】中的子菜单【熄弧条件】，可以调出熄弧条件文件设定画面，熄弧条件文件中的条件标签分为"填弧坑条件 1"、"填弧坑条件 2"和"其他"。用光标键（←，→）向各标签条件移动。

渐变有效的填弧坑条件 1 标签画面如图 4-29 所示。
渐变无效的填弧坑条件 1 标签画面如图 4-30 所示。
填弧坑条件 1 各参数含义如表 4-11 所示。

表 4-11 焊接条件各参数含义

序号	功能	备注
①	"电流值"、"电压值""模拟输出 3"、"模拟输出 4"	到达焊接结束点时的命令值。模拟输出 3、4，在设定为增强模式时才显示。要使用模拟输出 3、模拟输出 4，需增设带模拟输出口的 YEW 基板、XWE02 基板
②	机器人速度	只在渐变有效时显示。机器人达到焊接结束点时的速度。机器人向焊接结束点移动时，从作业程序的移动命令或引弧条件文件指定的焊接速度逐渐向指定的机器人速度变化

（续）

序号	功能	备注
③	机器人停止时间（0~10.00s）	到达焊接结束点后，机器人停止不动的焊接时间
④	渐变条件：距离指定	仅在渐变有效时显示。在渐变状态下，从焊接条件向弧坑条件1变化的区间段，可用距离指定

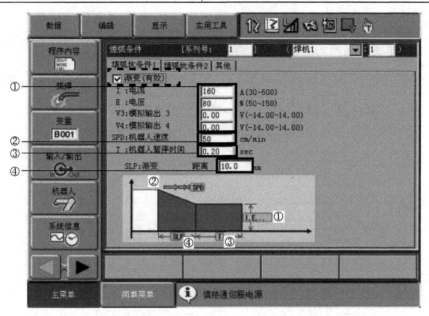

图4-29 渐变有效的填弧坑条件1标签画面

图4-30 渐变无效的填弧坑条件1标签画面

3. ARCSET 焊接条件设定

（1）ARCSET 命令的基本用法　ARCSET 命令用于焊接条件（电流、电压）的个别设定，有以下两种使用方法。

1）将各种条件作为添加项目进行设定。

ARCSET　AC=200　AVP=100

2）使用引弧条件文件进行设定。此时，焊接条件要用引弧文件进行设定。用增强型模式进行设定时显示　ACOND。

ARCSET　ASF#（1）　ACOND=0

（2）ARCSET 命令的结构参数　ARCSET 命令的完整结构如图 4-31 所示。

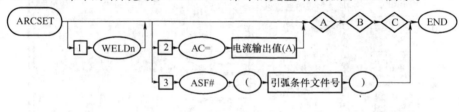

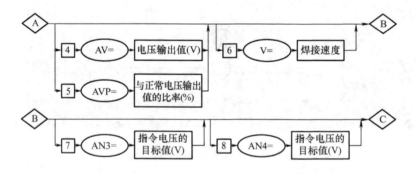

图 4-31　ARCSET 命令的完整结构

完整结构中各参数含义见 ARCON 命令。

四、常用焊接命令的登录

常用的焊接命令 ARCON、ARCOF 和 ARCSET，其在系统中登录的步骤基本一致，在此以 ARCON 命令为例简单介绍一下其步骤。

步骤 1：将光标移动到需要添加焊接命令的前一行位置，按【命令一览】键。显示命令一览画面，选择【作业】，可以看到相应的焊接命令，如图 4-32 所示。

步骤 2：在命令区选择 ARCON 命令，此时在输入缓冲行显示"ARCON"命令。按【选择】键，显示详细编辑画面。

步骤 3：在编辑画面中，将光标移动到未使用，此时可以看到有三个选项，如图 4-33 所示。这三个选项分别对应着 ARCON 命令的三种用法：直接指定具体参数、通过文件指定具体参数和通过 ARCSET 命令制定焊接参数。根据实际需要选择相应的选项，对参数进行设置。

步骤 4：参数设定后，按【回车】键，设定的内容显示在输入缓冲行上。

步骤 5：按【回车】键，设定的内容登录在程序中。

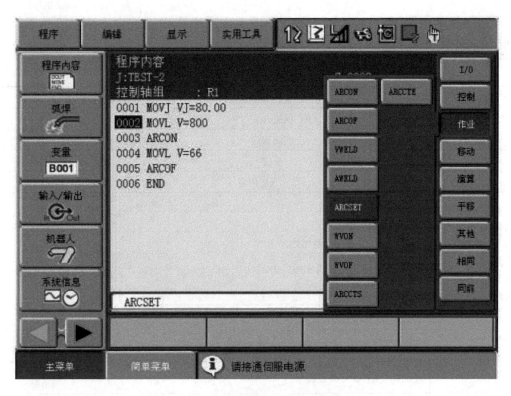

图 4-32　常用焊接命令选择画面

图 4-33　ARCON 参数的三种选择

【任务实施】

任务书 4-3

姓名		任务名称	使用弧焊命令
指导教师		同组人员	
计划用时		实施地点	工业机器人实训室
时间		备注	
任务内容			

1. 认识 DX100 弧焊专用键的分布及功能
2. 认识 DX100 弧焊系统焊接特性文件各参数的含义
3. 熟悉 ARCON、ARCOF、ARCSET 命令功能
4. 认识引弧条件文件各参数的含义
5. 认识熄弧条件文件各参数的含义

考核项目	根据实际系统设定焊机特性文件各参数
	设定引弧条件文件各参数
	设定熄弧条件文件各参数
	手工操作各按键调整系统参数
	根据试焊效果，调整系统各参数

资料	工具	设备
工业机器人安全操作规程	常用工具	
MA1400 使用说明书		
工业机器人弧焊工作站说明书		
		工业机器人弧焊工作站

任务完成报告 4-3

姓名		任务名称	使用弧焊命令
班级		小组成员	
完成日期		分工内容	

1. 简述焊机特性文件各参数含义，进行初步设定并记录。

2. 简述引弧条件文件各参数含义，进行初步设定并记录。

3. 简述熄弧条件文件各参数含义，进行初步设定并记录。

4. 使用上述条件测试焊接效果，对系统参数进行调节并记录。

任务四　示教弧焊工作站程序

弧焊工作站在工作的过程中，需要根据给定的焊接对象，选择系统的各个参数，如焊接电源的基本参数、气体流量、焊接电压、焊接电流和焊接速度等，只有选取合适的参数，才能获得好的焊接质量。

【知识准备】

弧焊工作站仿真

一、弧焊参数的选择与设定

1. 弧焊参数的选择

根据工件的材料、尺寸、搭接形式等，参考该种材料的焊接条件表选取焊接条件，然后对机器人系统及焊机侧参数进行设置。在预选电压、电流、气体流量等参数后对工件进行试焊接，根据焊缝的质量对参数进行调整，进行焊接和检验，指导焊接质量完全符合技术条件所规定的要求为止。

现以图 4-34 所示工件为例,介绍弧焊参数的选择。一圆柱筒形工件和一块钢板,将工件焊接在钢板上直径为 60mm 孔的位置。材质为 20 号钢。

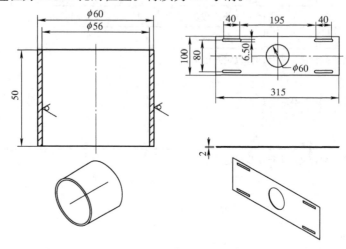

图 4-34　焊接工件外形图

根据表 4-12 所示的低碳钢角接焊接工艺参考,选择工艺参数。板厚 2.0mm,焊丝直径 1.2mm,焊接电流 115~125A,焊接电压 19.5~20V,焊接速度 50~60cm/min,气体流量 10~15L/min。

表 4-12　低碳钢角接焊接工艺参考

板厚/mm	焊丝直径/mm	焊接电流/A	焊接电压/V	焊接速度/(cm/min)	气体流量/(L/min)
1.0	0.8	70~80	17~18	50~60	10~15
1.2	1.0	85~90	18~19	50~60	10~15
1.6	1.0、1.2	100~110	18~19.5	50~60	10~15
	1.2	120~130	19~20	40~50	10~20
2.0	1.0、1.2	115~125	19.5~20	50~60	10~15
3.2	1.0、1.2	150~170	21~22	45~50	15~20
	1.2	200~250	24~26	45~60	10~20
4.5	1.0、1.2	180~200	23~24	40~45	15~20
	1.2	200~250	24~26	40~50	15~20
6	1.2	220~250	25~27	35~45	15~20
	1.2	270~300	28~31	60~70	15~20
8	1.2	270~300	28~31	55~60	15~20
	1.2	260~300	26~32	25~35	15~20
	1.6	300~330	25~30	30~35	15~20
12	1.2	260~300	26~32	25~35	15~20
	1.6	300~330	25~30	30~35	15~20
16	1.6	340~350	27~28	35~40	15~20
19	1.6	360~370	27~26	30~35	15~20

2. 焊机参数设置

在焊接时，本项目使用的焊机电源是 MOTOMAN 专用数字式逆变焊接电源 RD350，该焊接电源是由安川电机和杭州凯尔达公司联合研制的新一代焊接电源。其操作面板如图 4-35 所示。

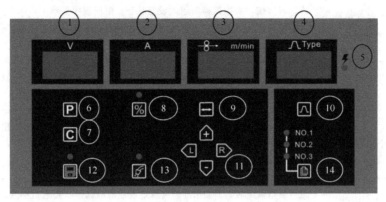

图 4-35 RD350 焊接电源操作面板

RD350 焊接电源各操作键功能如表 4-13 和表 4-14 所示。

表 4-13 RD350 焊接电源①～④号面板功能

状态		①电压表 电压/V	②电流表 电流/A	③送丝速度表 线速（米/分）Wire m/min	④熔接法（焊接方法）表 熔接法/Type
		25.0	15.0	5.0	11
待机时	参数 C32 = 0 时（命令值显示）	显示设定的焊接电压值（V）	显示设定的焊接电流值（A）	显示设定的焊接电流所对应的送丝速度（m/min）	显示熔接法（焊接方法）（Type）
	参数 C32 = 1 时（待机显示）	显示 0.0	显示 0	显示 0.0	显示熔接法（焊接方法）（Type）
焊接时 点动时		显示反馈回的焊接中实时焊接电压值（V）	显示反馈回的焊接中实时焊接电流值（A）	显示反馈回的送丝电动机的送丝速度（m/min），或者显示电动机电流（通过 D-1 参数 5 进行切换）	显示熔接法（焊接方法）（Type）
参数设定时		显示参数的编号	通常：显示为"---"；如果选择接触起弧时，在 P01 处显示为"－"	显示 P 参数的比率"%"，或者 C、D 参数值	显示熔接法（焊接方法）（Type）

· 161 ·

表 4-14 RD350 焊接电源其他编号面板功能

项目	内容	说明
⑤	电源指示灯	焊接电源接通后，该灯点亮
⑥	参数选择（P 参数）	待机时，按"参数选择"进入设定状态。电压表中显示"P.00"、送丝速度表中显示参数的设定值，再次按"参数选择"则退回到待机状态（仅在"使用者内容选择"时有效）
⑦	共通参数选择（C 参数）	待机时，按"共通参数选择"进入设定状态。电压表中显示"C.00"、送丝速度表中显示共通参数的设定值，按"共通参数选择"退回到待机状态
⑧	自动/个别的切换	切换焊接电压设定方法。自动设定（从机器人控制柜侧，将输出电压设定为%）：LED 亮灯。个别设定（从机器人控制柜侧，通过焊接电压命令，设定输出电压）：LED 熄灯
⑨	参数设定	进行参数设定时，对参数序号与参数设定值的选择状态进行切换。点闪的仪表为所选项目
⑩	熔接法（焊接方法）的选择	待机时，按"熔接法（焊接方法）选择"进入设定状态，此时可对熔接法（焊接方法）（Type）进行变更，熔接法表处开始点闪。再次按下后，进入确定熔接法（焊接方法）（Type）的设定状态，熔接法表处停止点闪
⑪	上下左右按钮	对设定进行修改时可使用该处按钮。使用 L、R 可进行数位移动。使用 +、− 可进行数值增减的操作
⑫	条件记忆	用于保存设定内容。对设定内容进行修改时，LED 灯将会点闪。要想保存设定内容，则须持续 3s 以上按下条件记忆按钮。此时，如果关闭电源，则会造成保存失败，务必等待面板上的灯再次点亮。对设定内容进行保存后，即使关闭焊接电源后再通电，所设定的内容也能得以再次确认而不会丢失。如果不希望保存修改内容的话，则请关闭后再打开电源
⑬	气体调整	对气体进行确认。按下气体调整按钮，LED 灯点亮，气体将持续放气 20s（初始设定值为 20s，通过 C00 参数可对时间进行调整）。在此过程中再次按下气体调整按钮，气体将停止释放
⑭	使用者内容选择	可通过该按钮选择保存 P 参数设定修改内容的文件。按下按钮，显示文件序号"File No."的 LED 指示灯将轮流点亮（无文件→File No. 1→File No. 2→File No. 3）。在无文件的状态下，将不能对 P 参数进行修改和保存

根据焊接要求，选取 RD350 熔接方法如表 4-15 所示。

表 4-15 RD350 熔接方法选取

焊接保护气	焊丝种类	熔接法（焊接方法）	焊丝直径	熔接法（焊接方法）编号
MAG（Ar80%、$CO_2$20%）	软钢 Fe	短路焊接	1.2mm	10

熔接方法设定步骤如下所示。

步骤 1：待机时，按⑫"熔接法（焊接方法）选择"按钮，④"熔接法/Type"表中的数字灯闪亮显示，如图4-36所示。

图4-36　熔接法选择状态

步骤2：按⑬中"+"或"-"按钮，实现选定数位的数值增减。如果要向左或向右移动数位的话，则须按L或R按钮进行操作。

步骤3：将参数修改成10后，如果按⑫"熔接法（焊接方法）选择"按钮，或放置10s后，则④"熔接法/Type"表将亮灯显示，如图4-37所示。如果需要对修改内容进行保存，则请按下"条件记忆"按钮，并保持3s以上。此时，不能关闭焊接电源。面板上的LED灯再次亮灯，则显示设定内容已登录完毕。

图4-37　熔接法设定完毕

3. 机器人焊接条件设置

根据选定的参数，初设焊接电流为115A，电压输出比例为100%。此处选择由焊接命令直接设定：

ARCON　AC=115　AVP=100　T=0.5　RETRY　；焊接电流为115A，电压输出百分比为100%，引弧时间0.5s，再引弧有效。

二、机器人示教

1. 焊前准备

在对机器人进行示教焊接之前，需要对焊接系统各部分及参数进行确认，具体内容如表4-16所示。

表4-16　焊前准备

序号	项目	内容
1	焊丝的安装	将适合焊接的焊丝正确安装入送丝机构，确保焊丝的直径与所使用的送丝轮的直径相一致
2	焊枪的确认	确认所使用的导电嘴是否与焊丝直径相一致
3	配电柜的断路器闭合	先确认配电柜的电源接线是否正确，检查无误后闭合断路器
4	焊接电源的接通	合上焊接电源的开关，焊接电源的前面板上的指示灯点亮，背面的冷却扇开始运转。在不起弧的状态下，冷却扇约5min后将停止运转。一旦起弧焊接，冷却扇将会自动开始运转

(续)

序号	项目	内容
5	送丝电动机的设定	对送丝电动机的种类进行设定（通过变更参数 C09 的数值进行定） 0：印刷电路式伺服电动机（出厂设定） 1：伺服焊枪 2：机械伺服电动机（4 轮：YW E-WF340MELC，YWE-WF340TELC，YWE-WFX40TELC）送丝电动机设定不正确的话，将不能按照指定的送丝速度送丝，其结果，难以保证焊接质量 对参数进行变更时，按住条件记忆按钮，保持 3s 以上，则可以将变更内容保存下来。保存数据的过程中请不要关闭焊接电源。当面板 LED 灯再次亮灯后，切断焊接电源，然后再次打开
6	焊接电压命令方法的设定	按自动/个别按钮，对焊接电源的自动/个别进行设定。选择自动设定时，自动/个别按钮上的 LED 灯将点亮。初始状态为自动设定
7	机器人侧的设定	对机器人的焊接机特性文件（包括自动/个别）进行设定
8	熔接法（焊接方法）的选择	通过面板上的"熔接法（焊接方法）/Type"设定熔接法（焊接方法）的编号。根据保护气的类别、焊丝的类别、短路焊接/脉冲焊接，来选择熔接法（焊接方法）。关于可使用的熔接法（焊接方法），在焊接电源前面板上的铭牌中有所记载
9	面板显示值的确认	确认焊接机面板数字式仪表中电压、电流、线速（送丝速度）的设定值及熔接法（焊接方法）的设定。修改从机器人侧发出的命令值，确认面板显示值的变化
10	点动送丝	机器人发出点动送丝命令，送出焊丝一直到其从焊枪前端露出
11	调整保护气的流量	1）将气体调整按钮打开，LDE 灯点亮，气体流出可持续 20s，20s 后自动停止送出气体 2）将气瓶上的阀门向左旋转，打开气阀 3）旋转气体调整器上的旋钮，将流量调整至焊接所需要的流量。一般而言，流量在 10~25L/min 较为适宜，焊接电流越大，所需保护气流量也应当越大

2. 程序点示教

按照弧焊的要求，对机器人进行示教，程序点的示意位置如图 4-38 所示。

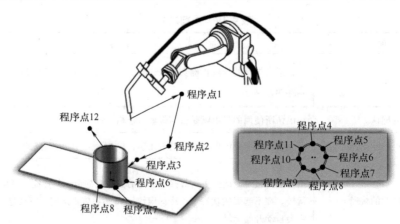

图 4-38 焊点示教步骤

示教后的程序如图 4-39 所示。

行	命令	内容说明
0000	NOP	
0001	MOVJ　VJ=100.00	移到待机位置（程序点1）
0002	MOVJ　VJ=100.00　ACC=20　DEC=20	移到焊接开始位置附近（程序点2）
0003	MOVJ　VJ=100.00　ACC=20　DEC=20	移到焊接开始位置附近（程序点3）
0004	MOVL　V=33.3	移到焊接开始位置附近（程序点4）
0005	ARCON　AC=115　AVP=100　T=0.5　RETRY	焊接开始
0006	MOVC　V=8.3	圆弧移动命令（程序点4）
0007	MOVC　V=8.3	圆弧移动命令（程序点5）
0008	MOVC　V=8.3	圆弧移动命令（程序点6）
0009	MOVC　V=8.3	圆弧移动命令（程序点6）
0010	MOVC　V=8.3	圆弧移动命令（程序点7）
0011	MOVC　V=8.3	圆弧移动命令（程序点8）
0012	MOVC　V=8.3	圆弧移动命令（程序点8）
0013	MOVC　V=8.3	圆弧移动命令（程序点9）
0014	MOVC　V=8.3	圆弧移动命令（程序点10）
0015	MOVC　V=8.3	圆弧移动命令（程序点10）
0016	MOVC　V=8.3	圆弧移动命令（程序点11）
0017	MOVC　V=8.3	圆弧移动命令（程序点4）
0018	ARCOF	停止焊接
0019	MOVL　V=33.3	离开焊接点（程序点12）
0020	MOVJ　VJ=100.00　ACC=20　DEC=20	移到待机位置（程序点1）
0021	END	

图 4-39　弧焊机器人程序

【任务实施】

任务书 4-4

姓名		任务名称	示教弧焊工作站程序
指导教师		同组人员	
计划用时		实施地点	工业机器人仿真实训室
时间		备注	
任务内容			

　　完成一圆柱筒形工件和一块钢板的焊接，要求选取系统参数并进行设定，对机器人进行示教，完成焊接任务，具体尺寸参数见图 4-34。

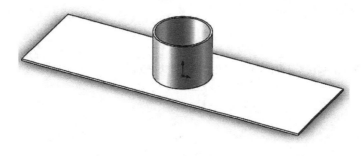

（续）

考核项目	根据焊接要求正确选择焊接参数
	能根据焊接要求设定焊接电源参数
	能根据焊接要求设定机器人侧参数
	能对简单工件进行示教，完成焊接
	根据焊接的效果对焊接参数进行调整

资料	工具	设备
工业机器人安全操作规程	常用工具	
MA1400 使用说明书		
工业机器人弧焊工作站说明书		工业机器人弧焊工作站

任务完成报告 4-4

姓名		任务名称	示教弧焊工作站程序
班级		小组成员	
完成日期		分工内容	

1. 根据焊接要求记录所设定的焊接参数，简要记录系统参数设定过程。

2. 完成工件的焊接，记录示教完成的程序。

3. 试通过网络查询等方式，描述常见焊接缺陷、产生原因及解决办法。

【考核与评价】

学生自评表 4　　　　　年　月　日

项目名称	工业机器人弧焊工作站现场编程						
班　级		姓　名		学　号		组　别	
评价项目	评价内容			评价结果（好/较好/一般/差）			
专业能力	认识熔化极气体保护焊的工作原理						
	能根据焊接要求选取电压、电流等焊接参数						
	能够正确设置焊接电源各参数						
	能够正确设置引弧条件、熄弧条件等机器人侧焊接参数						
	能够对机器人进行示教，完成工件焊接						
方法能力	能够遵守安全操作规程						
	会查阅、使用说明书及手册						
	能够对自己的学习情况进行总结						
	能够如实对自己的情况进行评价						
社会能力	能够积极参与小组讨论						
	能够接受小组的分工并积极完成任务						
	能够主动对他人提供帮助						
	能够正确认识自己的错误并改正						
自我评价及反思							

学生互评表 4　　　　　　　　　　　年　月　日

项目名称	工业机器人弧焊工作站现场编程					
被评价人	班　级		姓　名		学　号	
评 价 人						

评价项目	评价标准	评价结果
团队合作	A. 合作融洽	
	B. 主动合作	
	C. 可以合作	
	D. 不能合作	
学习方法	A. 学习方法良好，值得借鉴	
	B. 学习方法有效	
	C. 学习方法基本有效	
	D. 学习方法存在问题	
专业能力（勾选）	认识熔化极气体保护焊的工作原理	
	能根据焊接要求选取电压、电流等焊接参数	
	能够正确设置焊接电源各参数	
	能够正确设置引弧条件、熄弧条件等机器人侧焊接参数	
	能够对机器人进行示教，完成工件焊接	
综合评价		

项目四　工业机器人弧焊工作站现场编程

教师评价表4　　　　　　　　　　　　　　　　　　　年　　月　　日

项目名称	工业机器人弧焊工作站现场编程		
被评价人	班　级　　　　　　　　姓　名　　　　　　　　学　号		
评价项目	评价内容	评价结果（好/较好/一般/差）	
专业认知能力	认识熔化极气体保护焊基本工作原理		
	能说出工业机器人弧焊工作站各部分功能		
	能够说出示教编程器弧焊功能各按键的含义		
	能够说出焊机特性、引弧条件、熄弧条件等内部参数的含义		
	能够理解任务要求的含义		
专业实践能力	能根据焊接要求选取电压、电流等焊接参数		
	能够正确设置焊接电源各参数		
	能够正确设置引弧条件、熄弧条件等机器人侧焊接参数		
	能够对机器人进行示教，完成工件焊接		
	能够正确地使用设备和相关工具		
	能够遵守安全操作规程		
	能够正确填写任务报告记录		
社会能力	能够积极参与小组讨论		
	能够接受小组的分工并积极完成任务		
	能够主动对他人提供帮助		
	能够正确认识自己的错误并改正		
	善于表达和交流		
综合评价			

【学习体会】

【思考与练习】

1. 简述熔化极气体保护焊的工作原理。
2. 简述影响熔化极气体保护焊的工艺参数有哪些。
3. 简要描述工业机器人弧焊工作站系统基本构成及作用。
4. 简述引弧条件文件中各参数的含义。
5. 通过网络等手段,查询熔化极气体保护焊的常见焊接缺陷、产生原因及解决方法。

项目五 工业机器人点焊工作站现场编程

工业机器人在焊接领域的应用最早是从汽车装配生产线上的电阻点焊开始的。原因在于电阻点焊的过程相对比较简单，控制方便，且不需要焊缝轨迹跟踪，对机器人的精度和重复精度的控制要求比较低。本项目以点焊工作站为例，介绍点焊基本原理、工作站系统构成、点焊机器人示教等内容，使其掌握点焊工作站系统的基本原理及示教方法。

【学习目标】

知识目标：
1) 熟悉电阻焊的基本知识。
2) 熟悉工业机器人点焊工作站的相关知识。
3) 熟悉焊钳、焊接电源等相关知识。
4) 熟悉工业机器人与外部接口的相关知识。

能力目标：
1) 能根据现有系统编写系统说明书。
2) 能够对工业机器人焊钳参数进行设置。
3) 能够熟练设置焊接参数。
4) 能够对点焊工作站进行示教编程。

【工作任务】

任务一　认识点焊工作原理
任务二　认识点焊工作站
任务三　使用点焊命令
任务四　示教点焊工作站程序

任务一　认识点焊工作原理

电阻焊是将工件组合后通过电极施加压力，利用电流通过接头的接触面及邻近区域产生的电阻热进行焊接的方法，点焊是电阻焊中最常见的一种焊接方法。

【知识准备】

一、电阻点焊的应用

电阻点焊是一种高速、经济的连接方法，适用于制造可以采用搭接、接头不要求气密、厚度小于 3mm 的冲压、轧制的薄板构件。这种方法广泛用于汽车驾驶室、金属车厢复板、家具等低碳钢产品的焊接。在航空航天工业中，多用于连接飞机、喷气发动机、导弹、火箭等由合金钢、不锈钢、铝合金、钛合金等材料制成的部件。如在汽车行业，电阻点焊完成90%以上车身装配工作量，是车身装配中最主要的连接方式，通常一辆轿车白车身有3000～5000 个焊点，如图 5-1 所示。

图 5-1　汽车车身点焊焊点分布示意

二、电阻点焊的原理

电阻焊过程的物理本质，是利用焊接区金属本身的电阻热和大量塑性变形能量，使两个分离表面的金属原子之间接近到晶格距离，形成金属键，在结合面上产生足够量的共同晶粒而得到焊点、焊缝或对接接头，因此适当的热-机械（力）作用是获得电阻焊优质接头的基本条件。

点焊是将焊件搭接并压紧在两个柱状电极之间，然后接通电流，焊件间接触面的电阻热使该点熔化，形成熔核，同时，熔核周围的金属也被加热产生塑性变形，形成一个塑性环，以防止周围气体对熔核的侵入和融化金属的流失。断电后，在压力下凝固结晶，形成一个组织致密的焊点，由于焊接时的分流现象，两个焊点间应有一定距离。点焊原理如图 5-2 所示。点焊的基本应用范围如表 5-1 所示。

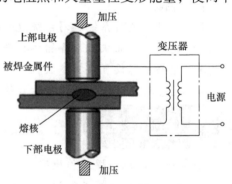

图 5-2　点焊原理示意图

表 5-1　点焊的基本应用范围

常焊材料	板厚/mm	接头形式	焊缝空间位置	焊件工作条件和特点	备注
低碳钢	≤12	搭接	任意	要求坚固焊缝	1）最小厚度＞0.1mm 2）厚度比一般不超过3
合金结构钢	≤10				
不锈钢	≤6				
耐热合金	≤3				
铝合金	≤3				
钛合金	≤3				

1. 电阻点焊热源

电阻点焊的热源是电阻热，焊接时，当焊接电流通过两电极间的金属区域——焊接区时，由于焊接区具有电阻，会析热，并在焊件内部形成热源。

焊接区的总析热量：

$$Q = I^2 Rt$$

式中，I 为焊接电流的有效值；R 为焊接区总电阻的平均值；t 为通过焊接电流的时间。

2. 电阻点焊阻值

点焊时，焊接区的总电阻 R，由工件间接触电阻 R_{BB}、工件与电极间接触电阻 $2R_{EB}$ 以及工件本身内部电阻 $2R_B$ 共同构成，如图 5-3 所示，即 $R = R_{BB} + 2R_{EB} + 2R_B$。

接触电阻的主要影响因素有：

（1）表面状态　清理方法、加工表面的粗糙度及焊前存放时间都会影响焊件的表面状态，因而获得很大的接触电阻值。

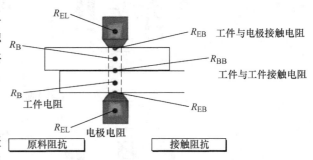

图 5-3　点焊过程中各部分电阻值

（2）电极压力　电极压力增大将使金属的弹性和塑性变形增加，对压平接触面的凹凸不平和破坏不良导体膜均有利，其结果使其接触电阻减小，如图 5-4 和图 5-5 所示。

（3）加热温度　温度升高金属变形阻力下降，塑性变形增大，接触电阻急剧降低直至消失。钢材温度升高到 600℃、铝合金温度升高到 350℃ 时接触电阻均接近为零。

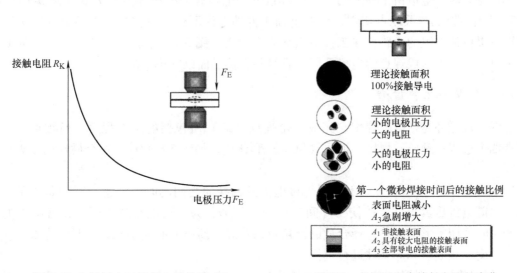

图 5-4　电极压力对接触电阻的影响　　　图 5-5　点焊过程中接触电阻的变化

三、点焊的分类

点焊通常分为双面点焊和单面点焊两大类。双面点焊时，电极由工件的两侧向焊接处馈电。典型的双面点焊方式如图 5-6 所示。图 5-6a 是最常用的方式。这时，工件的两侧均有电极压痕。图 5-6b 是三板材的点焊。图 5-6c 为同时焊接两个或多个焊点的双面点焊，使用一个变压器而将各电极并联。这时，所有的电流通路的阻抗必须相等，而且每一焊接部位的表面状态、材料厚度和电极压力都必须相同，才能保证通过各个焊点的电流基本一致。图5-6d 为带平衡器的双面点焊，可以弥补图5-6c的不足。

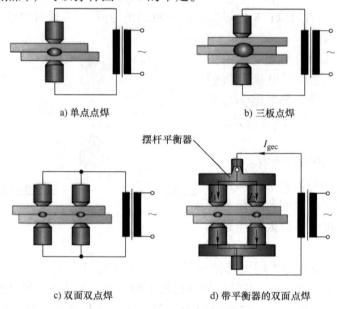

图5-6 不同形式的双面点焊

单面点焊时，电极由工件的同一侧向焊接处馈电。典型的单面点焊方式如图5-7所示。图5-7a为有分流的单面双点点焊，流经上面工件的电流不经过焊接区，行成分流。为了给焊接电流提供低电阻的通路，在工件下面垫有铜垫板。图5-7b为单面多点点焊。图5-7c为单面单点点焊，不形成焊点的电极采用大直径和大接触面以减小电流密度。

四、点焊的工艺过程

点焊焊接循环是指电阻焊中，完成一个焊点（缝）所包括的全部程序。通常点焊焊接循环有四个过程：预压、焊接、锻压（维持）和休止，如图5-8所示。每个循环均以周波计算时间。

1）预压阶段：由电极开始下降到焊接电流开始接通之间的时间，这一时间是为了确保在通电之前电极压紧工件，并使工件间有适当的压力，为焊接电流顺利通过做好必要的准备。预压时采用锥形电极并选择合适的锥角效果较好。预压力的大小及预压时间应根据板料性质、厚度、表面状态等条件进行选择。

2）焊接阶段：焊接电流通过工件并产生熔核的时间，焊接阶段是整个焊接循环中最关键的阶段。

通电加热时，在两焊件接触面的中心处形成椭圆形熔化核心，与此同时熔化核心周围金属达到塑性温度区，在电极压力的作用下形成将液态金属核心紧紧包围的塑性环。塑性环可以防止液态金属在加热和压力的作用下向板逢中间飞溅，并避免外界空气对高温液态金属的侵袭。在加热和散热这一对矛盾的不断作用下，焊接区温度场不断向外扩展，直至熔化核心（焊核）的形状和尺寸达到设计要求。

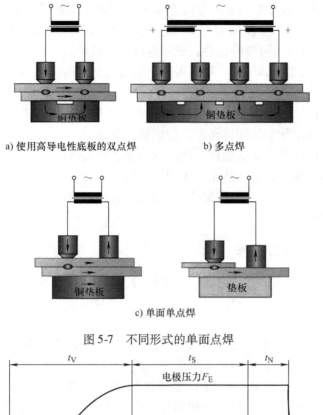

a) 使用高导电性底板的双点焊　　　　　b) 多点焊

c) 单面单点焊

图 5-7　不同形式的单面点焊

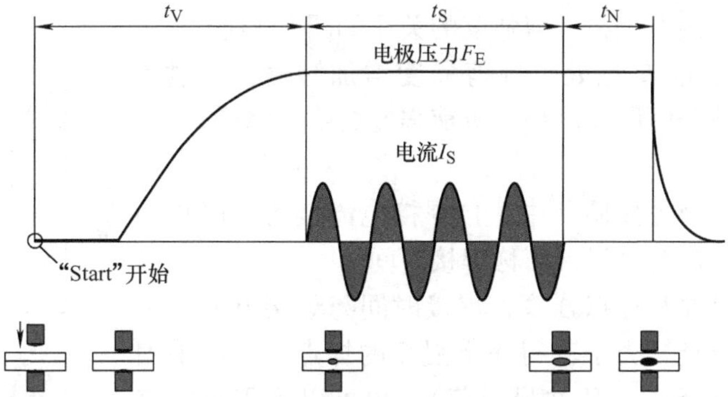

图 5-8　点焊焊接循环

飞溅是点焊较易产生的缺陷之一，分为内部飞溅和外部飞溅两种。如果加热速度过快，两焊件接触面中心被急剧加热的金属气化，而周围塑料环尚未形成，气化金属便以飞溅的形式喷向板间缝隙称为前期内部飞溅（指熔化核心尚未形成前的飞溅）。形成最小尺寸的熔核后，继续加热，熔核和塑性不断地向外扩展，当熔核沿径向的扩展速度大于塑性环扩展速度时，则产生后期内部飞溅。如果熔化核心轴向增长过高，在电极压力的作用下，液态金属也可能冲破塑性环向表面喷射，从而形成外部飞溅。

飞溅不仅影响环境和安全，而且较大的飞溅易形成毛刺，使核心液态金属减少，焊点表面形成深度压坑，影响美观，更降低了机械性能，所以焊接过程中应控制电极压力和加热速度，尽量避免产生飞溅。

3）锻压阶段：又称冷却结晶阶段。当建立起必要的温度场，得到符合要求的熔化核心后，焊接电流切断，电极继续加压，熔核开始冷却结晶，形成具有足够强度的点焊焊点，这一阶段称为锻压阶段。这段时间又称维持时间。

4）休止阶段：从电极开始抬起到电极再次开始下降，准备下一个焊点，这段时间称为休止时间。通电焊接必须在电极压力达到工艺要求 $95\%F$ 后进行，否则可能因为压力过低而产生飞溅，或因压力不均匀影响加热，造成焊点质量波动。

电极抬起必须在电流全部切断之后，否则，电极与工件间将产生火花、拉弧甚至烧穿工件。

为了改善焊接接头性能，有时需在基本焊接循环基础上增加若干辅助循环：
1）加大预压力以消除工件间的间隙，使之紧密贴合。
2）增加预热脉冲提高金属的塑性，使工件易于紧密贴合。
3）加大锻压力以压实熔核，防止产生裂纹和缩孔。

采用回火或缓冷脉冲消除合金钢的淬火组织，提高接头的力学性能，可在不加大锻压力的条件下，防止裂纹和缩孔。

五、点焊的主要工艺参数

点焊的主要工艺参数包括焊接电流，焊接时间，电极压力，电极和电极加头，焊接工件等。

1. 焊接电流

焊接时流经焊接回路的电流称为焊接电流。点焊时 I 一般在万安培以内。焊接电流是最重要的点焊参数，焊接电流和抗剪强度的关系如图5-9所示。

点焊时应选用接近 C 点处，抗剪强度增加缓慢，越过 C 后，由于飞溅或工件表面压痕过深，抗剪强度会明显降低。

2. 焊接时间

电阻焊时的每一个焊接循环中，自焊接电流接通到停止的持续时间，称为焊接通电时间，简称焊接时间。

为了保证熔核尺寸和焊点强度，焊接时间与焊接电流在一定范围内可以互为补充，为了获得一定强度的焊点，可以采用大电流和短时间（强条件，又称强规范），也可以采用小电流和长时间（弱条件，又称弱规范）。选用强条件还是弱条件，则取决于金属的性能、厚度和所用焊机的功率，但对于不同性

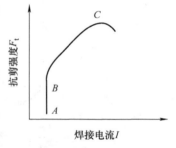

图5-9 焊接电流和抗剪强度的关系

能和厚度的金属所需的电流和时间，都仍有一个上、下限，超过此限，将无法形成合格的熔核。

3. 电极压力

电极压力是指电阻焊时，通过电极施加在焊接件上的压力，一般要数千牛顿。电极压力也是点焊的重要参数之一，其与抗剪强度的关系如图5-10所示。电极压力过大或过小都会使焊点承载能力降低和分散性变大，尤其对拉伸载荷影响更甚；当电极压力较小时，由于焊接区金属的塑性变形范围及变形程度不足，造成因电流密度过大而引起加热速度大于塑性环扩展速度，从而产生严重喷溅。

电极压力对两电极间总电阻 R 有显著影响，随着电极压力的增大，R 显著减小，此时焊接电流虽略有增大，但不能影响因 R 减小而引起的产热的减少，因此，焊点强度总是随着电极压力的增大而降低，在增大电极压力的同时，增大焊接电流或延长焊接时间，以弥补电

阻减小的影响，可以保持焊点强度不变。采用这种焊接条件有利于提高焊点强度的稳定性。电极压力过小，将引起飞溅，也会使焊点强度降低。

4. 电极和电极加头

点焊电极是保证点焊质量的重要零件，它的主要功能有：向工件传导电流、向工件传递压力、迅速导散焊接区的热量。

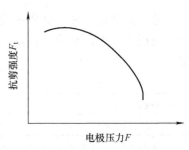

图5-10 电极压力与抗剪强度的关系

（1）电极材料 基于电极的上述功能，就要求制造电极的材料应具有足够高的电导率、热导率和高温硬度，电极的结构必须有足够的强度和刚度，以及充分冷却的条件。此外，电极与工件间的接触电阻应足够低，以防止工件表面熔化或电极与工件表面之间的合金化。

（2）电极头端面直径 电极头是指点焊时与焊件表面相接触的电极端头部分，电极头端面尺寸增大时，由于接触面积增大，电流密度减小，使焊点承载能力降低。

5. 工件

工件表面上的氧化物、污垢、油和其他杂质增大了接触电阻。过厚的氧化物层甚至会使电流不能通过。局部的导通，由于电流密度过大，则会产生飞溅和表面烧损，氧化物层的不均匀性还会影响各个焊点加热的不一致，引起焊接质量的波动。因此，彻底清理工件表面是保证获得优质接头的必要条件。

六、点焊工艺参数选择

选择点焊工艺参数时可以采用计算方法或查表的方法，无论采用哪种方法，所选择出来的工艺参数都不可能是十分精确和合适的。即只能给出一个大概的范围，具体的工作还需经实测和调试来获得最佳规范。硬规范为大电流，短时间，软规范为小电流，长时间。

1. 两种不同厚度的钢板的点焊

当两工件的厚度比小于3∶1时，焊接并无困难。此时工艺参数可按薄件选择，并稍增大一些焊接电流或通电时间即可。

当两工件的厚度比大于3∶1时，此时除按上条处理外，还应采取下列措施以保证质量：在厚板一侧采用较大的电极直径、在薄板侧选用导电性稍差的电极材料。

2. 三层钢板的点焊

当点焊中间为较厚零件的三层板时，可按薄板选择工艺参数，但要适当增加焊接电流，增加10%~25%，或者增加通电时间。

当点焊中间为较薄零件的三层板时，可按厚板选择工艺参数，但要适当减少焊接电流，减少10%~25%，或者减少通电时间。

3. 带镀层钢板的点焊

点焊镀锌或镀铝钢板时，应比不带镀层的钢板提高20%~30%电流，并同时提高20%电极压力。点焊顺序对焊接质量有一定影响，为此，在焊接时应考虑下列因素：尽量使零件首先定位；减少焊接变形，如先点焊较大的工件、刚性大的工件，后点焊小的工件，刚性小的工件；使分流减小或均匀化，即合理安排点焊顺序，使同一规范焊出的焊点质量基本相同。

电极的磨损会使接触表面直径增大,使焊接电流密度减小,形成加热不足及焊不牢。因此对电极直径增加规定了范围,如表 5-2 所示。超过规定范围,必须进行修整,然后方可焊接。

表 5-2 电极直径规定的范围

电极接触表面直径/mm	4	5	6	8	10	11	12	13
电极接触表面最大直径/mm	5	7	8	10	12	14	15	16

电极工作表面必须平整光洁,不允许有金属粘着物或污物,否则应当修整,修整电极时应首先使电极粗修成形,并保证两电极工作表面的同心性及平行性,然后再精修工作表面使之光洁、平滑。

在点焊工作中,被焊零件不允许与焊机的二次回路或机身直接接触,如极臂、夹持器等,以免产生分流而烧坏机身或焊件,如无法避免,则应用绝缘物隔绝(如胶带)。

【任务实施】

任务书 5-1

姓名		任务名称	认识点焊工作原理
指导教师		同组人员	
计划用时		实施地点	工业机器人仿真实训室
时间		备注	
任务内容			
1. 认识点焊的基本原理 2. 认识点焊的种类 3. 认识点焊的工艺过程 4. 认识点焊的关键工艺参数 5. 通过网络查询认识点焊的相关设备			
考核项目	描述电阻点焊的基本原理		
	能够准确描述点焊的工艺过程		
	能根据焊接要求初步选择点焊的参数		
	使用 PPT 汇报通过网络等手段获取的常用焊接设备信息		

资料	工具	设备
工业机器人安全操作规程	常用工具	
ES165D 机器人使用说明书		
工业机器人点焊工作站说明书		工业机器人点焊工作站

任务完成报告 5-1

姓名		任务名称	认识点焊工作原理
班级		小组成员	
完成日期		分工内容	

1. 简述电阻点焊的基本工作原理。

2. 简述电阻点焊的主要工艺参数及作用。

3. 简述点焊的工艺过程。

4. 通过网络等手段查询点焊的常用设备及作用。

任务二　认识点焊工作站

点焊机器人工作站主要是由焊接机器人、焊钳、焊接电源等部分构成，焊接参数可由机器人进行设定，在焊接过程中，需要对焊钳进行冷却。当多个点焊机器人同时对一个对象进行作业时，可以使用外部 PLC 等控制器进行协调控制。

【知识准备】

一、点焊机器人概述

点焊机器人的典型应用领域是汽车工业。一般装配每台汽车车体需要完成 3000～4000 个焊点，而其中的 60% 是由机器人完成的。在有些大批量汽车生产线上，服役的机器人台数甚至高达 150 台。汽车工业引入机器人已取得了下述明显效益：改善多品种混流生产的柔性；提高焊接质量；提高生产率；把工人从恶劣的作业环境中解放出来。今天，机器人已经成为汽车生产行业的支柱。

最初，点焊机器人只用于增强焊点作业（往已拼接好的工件上增加焊点）。后来，为了保证拼接精度，又让机器人完成定位焊作业，这样，点焊机器人逐渐被要求具有更全的作业性能。具体来说有：安装面积小，工作空间大；快速完成小节距的多点定位（例如每 0.3～0.4s 移动 30～50mm 节距后定位）；定位精度高（±0.25mm），以确保焊接质量；持重大（300～1000N），以便携带内装变压器的焊钳；示教简单，节省工时；安全可靠性好。

表 5-3 列举了生产现场使用的点焊机器人的分类、特点和用途。在驱动形式方面，由于电伺服技术的迅速发展，液压伺服在机器人中的应用逐渐减少，甚至大型机器人也在朝电动

机驱动方向过渡。随着微电子技术的发展，机器人技术在性能、小型化、可靠性以及维修等方面日新月异；在机型方面，尽管主流仍是多用途的大型6轴垂直多关节机器人，但是，出于机器人加工单元的需要，一些汽车制造厂家也进行开发立体配置3～5轴小型专用机器人的尝试。

表 5-3 点焊机器人的分类

分 类	特 点	用 途
垂直多关节型（落地式）	工作空间/安装面积之比大，持重多数为1000N左右，有时还可以附加整机移动自由度	主要用于增强焊点作业
垂直多关节型（悬挂式）	工作空间均在机器人的下方	车体的拼接作业
直角坐标型	多数为3、4、5轴，适合于连续直线焊缝，价格便宜	
定位焊接用机器人（单向加压）	能承受500kg加压反力的高刚度机器人。有些机器人本身带加压作业功能	车身底板的定位焊

图 5-11 是一套完整的点焊机器人工作站系统，它包括机器人本体、焊接电源、焊钳和冷却系统等。

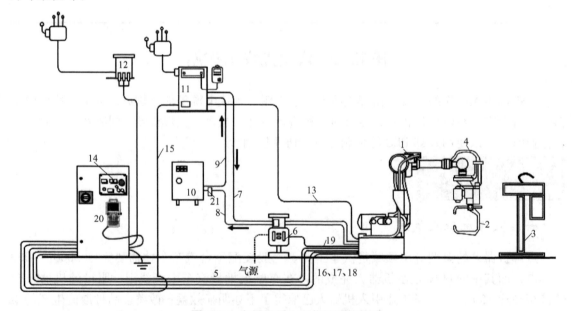

图 5-11 点焊机器人工作站系统构成

1—机器人本体 2—伺服/气动点焊钳 3—电极修磨机 4—手首部集合电缆 5—焊钳（气动/伺服）控制电缆S1
6—气/水管路组合体 7—焊钳冷水管 8—焊钳回水管 9—点焊控制箱冷水管 10—冷水机
11—点焊控制箱 12—机器人变压器 13—焊钳供电电缆 14—机器人控制柜 15—点焊命令电缆（I/F）
16—机器人供电电缆2BC 17—机器人供电电缆3BC 18—机器人控制电缆1BC 19—焊钳进气管
20—机器人示教盒（PP） 21—冷却水流量开关

二、安川电机 ES 系列点焊机器人

点焊机器人系统具有管线繁多的特点，特别是机器人与点焊钳间的连接上，包括点焊钳控制电缆、点焊钳电源电缆、水气管等。而机器人在生产线上的工作空间相对比较紧张，管

线的处理、排布在实际生产过程中，直接影响到机器人的运动速度和示教的质量，也轻易给设备的生产维护留下很多隐患。根据这些特点，安川电机为点焊系统专门设计开发了点焊专业机器人 MOTOMAN—ES 系列，其性能参数如表 5-4 所示，动作范围如图 5-12 所示。

表 5-4 安川电机 ES165D 机器人主要技术参数

项目名称		项目参数
电源容量		5.0kVA
自由度		6
负载		165 kg，配有装备电缆时变为 151.5 kg
垂直可达距离		3050mm
水平可达距离		2651mm
重复定位精度		±0.2mm
最大动作范围	S 轴（旋转）	-180°~+180°
	L 轴（下臂）	-60°~+76°
	U 轴（上臂）	-142.5°~+230°
	R 轴（手腕旋转）	-360°~+360°，配有装备电缆时变为 -205°~+205°
	B 轴（手腕摆动）	-130°~+130°，配有装备电缆时变为 -120°~+120°
	T 轴（手腕回转）	-360°~+360°，配有装备电缆时变为 -180°~+180°
最大速度	S 轴（旋转）	110°/s
	L 轴（下臂）	110°/s
	U 轴（上臂）	110°/s
	R 轴（手腕旋转）	175°/s
	B 轴（手腕摆动）	150°/s
	B 轴（手腕回转）	240°/s

该系列机器人具备如下特点：

1）机器人点焊电缆、冷却水管以及气管为内躲式，保证该电缆对焊接不构成干涉，使机器人的示教效率有很大的进步。通过试验及实践证实，其示教时间只是普通点焊机器人示教时间的 40%。机器人基座部（电缆、气管、水管的接入）的接口如图 5-13 所示。

2）在机器人 R 臂上特别设计机构部位有动力电缆接口、水管接口、气管接口以及电气控制接口。电缆紧凑结构可以使机器人方便地接近夹具和工件，从而极大地降低对夹具结构的设计要求。图 5-14 所示为 U 臂连接部分接口分布，接口在机器人内部的连接如图 5-15 所示。其中 CN-PW 为外部轴动力用插座；CN-PG 为外部轴信号用插座；CN-WE 为焊接动力电缆插座；CN-SE 为装备用插座；3BC 为供电电缆插座；S1 为装备电缆插座；WES 为焊接动力电缆插座。

3）与普通点焊机器人相比，该型机器人焊接电缆寿命有很大的进步：普通点焊机器人电缆使用寿命是 2000~4000h，该型机器人焊接电缆使用寿命可以达到 24000h。因此，这将大大降低用户机器人维护保养难度，同时极大地减少机器人的维护工作量以及由于维护保养所造成的非生产时间。

4）该型机器人具备很强的扩展应用能力。由于焊接电缆的可确定性，以后应用机器人

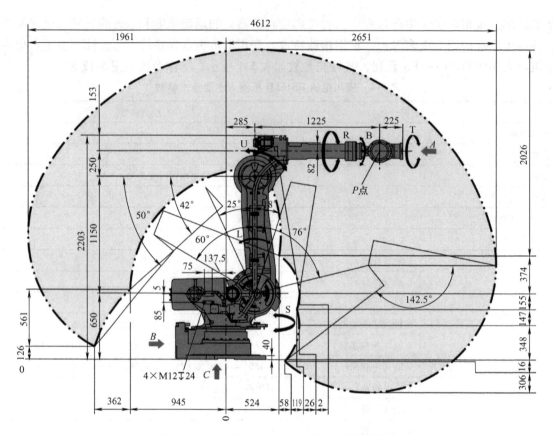

图 5-12 安川电机 ES165D 机器人动作范围图

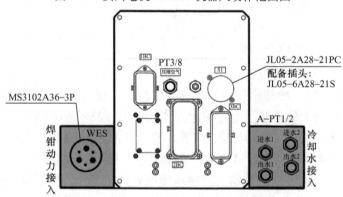

图 5-13 ES1645D 机器人基座部接口分布

离线编程功能,则可以在计算机上直接进行编程示教,然后输进到机器人控制柜内对离线编程动作基本不做修改就可以启动运转。

三、点焊焊钳

1. 焊钳类型

点焊焊钳用于实现对焊接工件(板材)的加压。在手工点焊条件下,通常变压器与钳体是分开放置的,称为"分体式焊钳";而机器人使用的焊钳通常是变压器与钳体安装在一

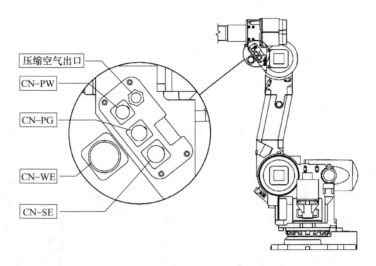

图 5-14　ES165D 机器人 U 臂连接部分接口分布

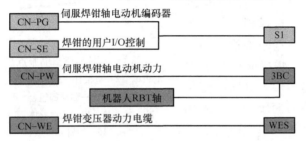

图 5-15　U 臂连接部分接口在机器人内部的连接

起，成为一个整体，称为"一体式焊钳"，图 5-16 所示为两种机器人用一体式焊钳。

a) X 型焊钳　　　　　　　　b) C 型焊钳

图 5-16　机器人用一体式焊钳

按焊钳的结构型式，焊钳可以分为"C 型"焊钳和"X 型"焊钳；按焊钳的行程，焊钳可以分为单行程和双行程；按加压的驱动方式，焊钳可以分为气动焊钳和电动焊钳；按焊钳变压器的种类，焊钳可以分为工频焊钳和中频焊钳；按焊钳的加压力大小，焊钳可以分为轻型焊钳和重型焊钳，一般地，电极加压力在 450kgf 以上的焊钳称为重型焊钳，450kgf 以下的焊钳称为轻型焊钳。综合以上分类，形成图 5-17 所示的焊钳分类体系。实际生产中具体采用什么型号的焊钳需要综合考虑工件的焊点分布、点焊的节拍、点焊工艺性等多方面因素。

2. 伺服点焊焊钳的结构

伺服机器人焊钳是安装在机器人前端、由伺服电动机驱动、受焊接控制器与机器人控

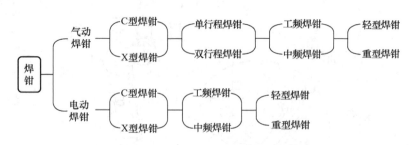

图 5-17 焊钳的分类体系

器控制的一种焊钳,其结构如图 5-18 所示。伺服机器人焊钳具有环保,焊接时轻柔接触工件、低噪声,能提高焊接质量,有超强的可控性等特点。

焊钳的安装型式有两种,分别为 B 型和 U 型,如图 5-19 所示。针对不同的焊接位置及焊接要求,选择相应的安装型式。焊钳的喉深与喉宽的乘积称为通电面积,该面积越大,焊接时产生的电感越强,电流输出越困难,这时,通常需要使用比较大功率的变压器,或采用逆变变压器进行电流输出。

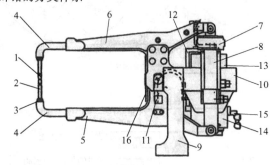

图 5-18 伺服点焊焊钳结构
1—电极帽 2—电极杆 3—电极座 4—电极臂 5—可动焊接臂
6—固定焊接臂 7—驱动部组合 8—伺服电动机 9、10—支架
11—软连接 12—二次导体 13—变压器 14—接线盒
15—冷却水多歧管 16—飞溅挡板

3. 机器人与焊钳的连接

在选用伺服焊钳时,U 臂安装电缆及水管与焊钳上对应部分的连接如图 5-20 所示。在对点焊机器人手首部分进行管线连接时,确保接头的位置不影响机器人的动作,在机器人动作时电缆充分自由,不会受到挤压、拉伸及摩蹭等。水管的连接做到不泄漏、不影响焊钳的加压、不与夹具等周围设备发生磨擦。在管线连接完成后,对裸露的电缆及水管进行保护,确保不会受到焊接飞溅造成的伤害。

机器人运行过程中,焊钳的姿态转换会非常频繁且速度很快,电缆的扭曲非常严重,为了保证所有连接的可靠性及安全性,以下措施一定要采用:

1) 所有接头,尤其是焊接变压器动力电缆接头(CN-WE)一定要通过固定板与点焊钳紧固在一起,并且保证电缆有足够的活动余量,确保不会因焊钳的姿态变换时电缆的扭转造成接头的连接松动,否则会引起接头的严重损坏及重大事故发生。

2) 调试人员在示教时,应反复推敲机器人的姿态,力争使焊钳在姿态变换时过渡自然。避免电缆的过分拉伸及扭转。

四、点焊控制装置

焊接用控制装置是合理控制时间、电流、加压力这三大焊接条件的装置,综合了机械的各种动作的控制、时间的控制以及电流调整的功能。通常的方式是,装置启动后就会自动进行一系列的焊接工序。

本电阻焊接控制装置 IWC5-10136C 是采用微电脑控制,同时具备高性能和高稳定性的

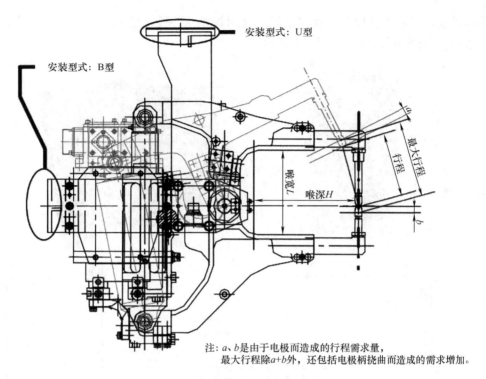

图 5-19 X 型焊钳的安装型式和关键参数

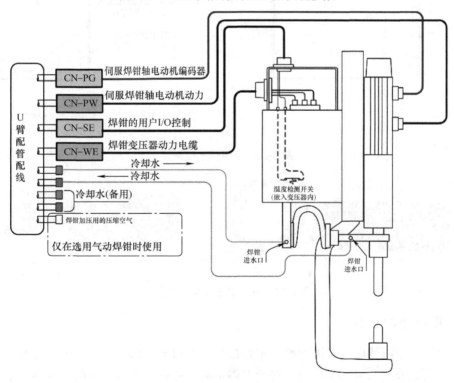

图 5-20 U 臂安装电缆及水管与焊钳上对应部分的连接

控制器。其主要功能是按照指定的直流焊接电流进行定电流控制，其步增机能是各种监控及异常检测机能。电阻焊接控制器及其编程器（用焊接条件设定器）、复位器（用于异常复位和各种监控）分别如图 5-21、图 5-22 所示。

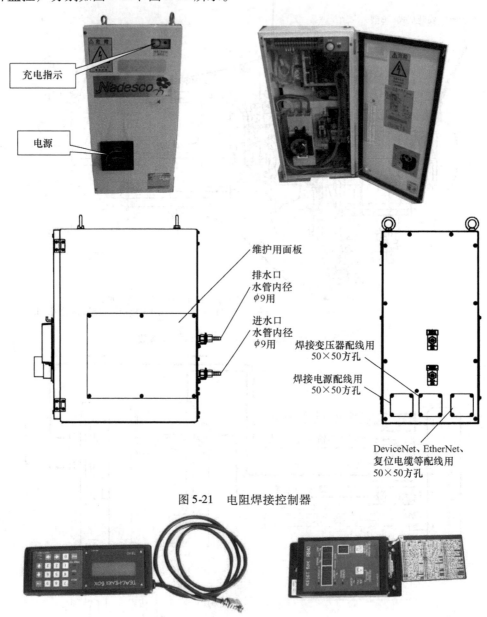

图 5-21　电阻焊接控制器

图 5-22　电阻焊接控制器编程器

五、焊钳冷却系统

焊钳和焊钳变压器以及焊接用控制装置都需要冷却水冷却，另外当焊机长时间没焊接工作的时候，管道残留的水也要排空。对于点焊机器人系统，冷却水的循环水路要按照图 5-23 所示的串联接法。建议配备水流量检测开关。在冷水机上的回水口处安装水流量检测开关，一旦整个水路的循环发生异常（比如：电极帽脱离、水管破裂导致漏水等引起水流量减小）

时，向系统控制中枢发出命令，机器人立即停止点焊作业。根据焊钳所要求的水流量选择适用的水流量检测开关。在布置系统水路时，不要将水管置于易受压的位置，不要将水管过分弯曲，以确保水管水路循环正常。

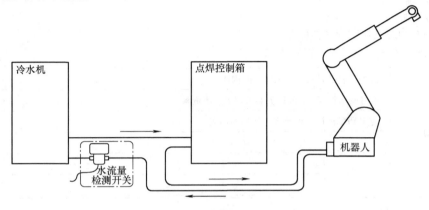

图 5-23　冷却水循环系统

六、其他辅助设备工具

其他辅助设备工具主要有高速电动机修磨机（CDR）、点焊机压力测试仪 SP-236N、焊接专用电流表 MM-315B，如图 5-24 所示。

图 5-24　辅助设备工具

高速电动机修磨机只限于在电阻焊接生产线内使用，对焊接生产中磨损的电极进行打磨使其恢复原来的形状尺寸并去除氧化层。点焊机压力测试仪用于焊钳的压力校正。专用电流表用于设备的维护、测试焊接时二次短路电流。

【任务实施】

任务书 5-2

姓名		任务名称	认识点焊工作站
指导教师		同组人员	
计划用时		实施地点	工业机器人实训室
时间		备注	

（续）

任务内容	
1. 认识工业机器人点焊工作站的基本构成	
2. 认识工业机器人点焊工作站各组成部分功能	
3. 认识 ES165D 工业机器人基本性能参数	
4. 通过网络等手段查询一种点焊工作站的构成	
考核项目	描述工业机器人点焊工作站的构成
	通过网络查询 ES165D 机器人相关技术资料
	使用 PPT 汇报一种点焊工作站的构成

资料	工具	设备
工业机器人安全操作规程	常用工具	工业机器人点焊工作站
ES165D 工业机械人使用说明书		
工业机器人点焊工作站说明书		

任务完成报告 5-2

姓名		任务名称	认识点焊工作站
班级		小组成员	
完成日期		分工内容	
1. 简述工业机器人点焊工作站的构成及各部分的功能。			
2. 简述 ES165D 机器人主要性能特点及应用场合。			
3. 通过网络查询一种点焊工作站的构成，画出其系统基本示意，描述其基本原理，撰写报告，并制作 PPT 进行汇报。			

任务三　使用点焊命令

安川 DX100 控制器用于点焊时，有一些专有的命令对焊接进行控制，如焊接命令、焊钳测试命令和焊钳更换命令等。在使用具体的命令时，需要对一些特定的参数进行设定，才能够确保焊接的正常进行。

一、点焊专用示教按键

点焊专用键在数字键上的位置分配如图 5-25 所示,各个特殊按键的功能如表 5-5 所示。

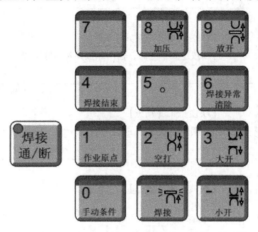

图 5-25 点焊专用键

表 5-5 点焊专用键功能

名称	图标	功能
手动条件	0 手动条件	显示手动焊接条件设定画面
作业原点	1 作业原点	调用作业原点位置画面 在示教模式、在作业原点位置的显示画面,同时按"【前进】+【作业原点】"这 2 个键时,机器人向作业原点移动
焊接	焊接	要登录焊接作业,让输入缓冲行显示 SVSPOT 命令 在手动焊接的显示画面,同时按"【联锁】+【焊接】"这 2 个键,执行手动焊接
空打	2 空打	要登录空打作业,在输入缓冲显示 SVGUNCL 命令 在手动焊接显示画面,同时按"【联锁】+【空打】"这 2 个键,执行空打
焊接通断	焊接通/断	【联锁】+【焊接通/断】 执行焊接通/断信号的 ON/OFF
小开	- 小开	第一次按下时,显示小开位置设定画面。在小开显示画面,按该键时,小开位置的选择号变换 【联锁】+【小开】,移动侧电极向选择的小开位置移动

(续)

名称	图标	功能
大开	3 大开	第一次按下时，显示大开位置设定画面 在大开显示画面，按下该键时，大开位置的选择号变换 【联锁】+【大开】，移动侧电极向选择的大开位置移动
焊接异常清除	6 焊接异常清除	【联锁】+【焊接异常清除】 持续按这2个键时，输出焊接异常清除信号
加压	8 加压	【联锁】+【加压】 在手动焊接画面或在程序画面显示时，进行加压动作
放开	9 放开	【联锁】+【放开】 放开电极

二、焊钳的设定

1. 作业工具的登录

焊钳安装完成后，需要对焊钳的伺服电动机动作进行确认。以焊钳两电极的接触点作为焊钳轴的原点，然后在机器人系统中对焊钳工具进行登录。

以固定侧电极的尖端位置作为工具控制点，登录工具坐标值。进行工具姿态数据的设定时，要使从固定侧电极到移动侧电极的方向为工具 Z + 方向，图 5-26 所示是一种单行程焊钳的设定方法。

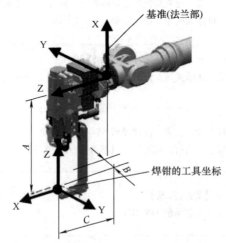

工具坐标图例(如左图示)		
X	$-A$	mm
Y	$-B$	mm
Z	C	mm
R_X	0	deg
R_Y	-90	deg
R_Z	180	deg

图 5-26　焊钳作业工具的登录

2. 焊钳特性文件设定

对于焊钳在进行系统设定时需要确定的内容，要在系统设定文件中进行指定。具体步骤如下：

步骤1：选择【主菜单】中的【点焊】，如图5-27所示。

图5-27 点焊菜单

步骤2：选择【焊钳特性】，显示焊钳特性画面，如图5-28所示，用【翻页】键选择焊钳号。

焊钳特性文件各部分作用如表5-6所示。

表5-6 焊钳特性文件各部分作用

序号	名称	作用
①	焊钳号	表示要使用的焊钳号 当焊钳在两把以上时，用翻页键选择焊钳号
②	设定	显示焊钳特性文件的设定状态。没有输入设定值的文件显示"未完成"，输入设定值的文件显示"完成"
③	焊钳类型	表示焊钳的类型。可选择"C型焊钳"、"X型焊钳（单行程）"、"X型焊钳（双行程）"
④	焊机号	表示安装的焊机号
⑤	转矩方向	指定焊钳轴电动机的压力方向。当电动机编码器数值增加方向与焊钳的加压方向相同时，选择"+"；反之，选择"-"
⑥	脉冲—行程转换	表示焊钳轴电动机编码器脉冲值与焊钳张开度的关系 与指定焊钳张开度对应的脉冲值，可通过其数值的插补计算获得
⑦	转矩—压力的转换	表示焊钳轴电动机的转矩与电极压力的关系 与指定压力对应的转矩值可通过这些数值的插补计算获得
⑧	最大压力	输入焊钳的最大压力。若压力文件指定的压力超过最大压力值，加压时就会发生报警

(续)

序号	名称	作用
⑨	接触检测延迟时间	表示在 SVSPOT 命令及 SVGUNCL 命令，从接触动作开始到接触检测开始的延迟时间
⑩	初始接触速度	在 SVSPOT 命令及 SVGUNCL 命令，为检测接触加压点，焊钳轴电动机需要到达的速度
⑪	磨损检测传感器 DIN 号	表示从磨损检测用传感器输入信号的直接输入序号
⑫	磨损比率（固定侧）	表示在磨损检测动作（TWC-C）中检测到的磨损量中，固定侧电极所占的磨损比率
⑬	磨损补偿固定偏移量	表示与磨损补偿同时进行的固定侧电极的偏移量。打点时，要使位移始终朝一个方向进行，请进行值的置换
⑭	磨损检测传感器信号极性	表示磨损检测传感器的信号极性。通常为 ON，当电极到达传感器时为 OFF，选择"ON→OFF"。通常为 OFF，当电极到达传感器时为 ON，选择"OFF→ON"
⑮	行程运动速度	指定执行焊接命令（SVSPOT 命令）时，向焊接开始行程（BWS 标签指定值）运动的速度
⑯	焊钳挠度补偿系数	设定与 1000N 压力对应的焊钳臂挠度的补偿量
⑰	压力补偿	向上加压时，设定与向下加压时的压力差
⑱	下电极磨损量复位	通过指定的通用输入，把焊接诊断画面的"固定极磨损量的当前值"归零
⑲	下电极磨损量复位	通过指定的通用输入，把焊接诊断画面上的"移动极磨损量的当前值"归零
⑳	焊钳压入修正系数	设定与每 1000N 压力时对应的焊钳轴压入量
㉑	接触极限（下电极）	设定在执行加压命令时，固定侧电极在接触检测位置上的允许范围
㉒	接触极限（上电极）	设定移动侧电极在执行加压命令时，接触检测位置的允许范围
㉓	强制加压（文件）	用指定的通用输入进行空打加压动作。按照"强制加压文件号"指定的空打压力文件的压力，在文件指定的加压位置加压。加压后断开压力
㉔	强制加压（继续）	通过指定的通用输入进行空打加压动作。按照"强制加压文件号"指定的空打压力文件的压力进行。信号 ON 为加压，信号 OFF 为停止加压
㉕	强制加压文件号	指定强制加压时使用的空打加压文件号
㉖	打点次数清除的输入	用指定的通用输入清除打点次数
㉗	超过固定极磨损量输出	测量磨损量后，若"固定极磨损量当前值"超过"固定极磨损量允许值"时，指定的通用输出启动（ON）
㉘	超过移动极磨损量输出	测量磨损量后，若"移动极磨损量当前值"超过"移动极磨损量允许值"时，指定的通用输出启动（ON）
㉙	超过打点次数输出	执行 SVSPOT 命令后，若"打点次数当前值"超过"打点次数允许值"时，指定的通用输出启动（ON）

步骤3：选择待设定项目。如果选择的是"焊钳类型"，按【选择】键后，显示"C 型

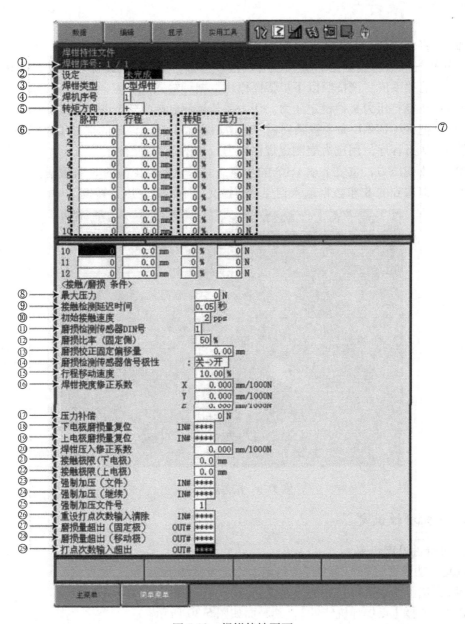

图 5-28 焊钳特性画面

钳"、"X 型钳（单行程）"、"X 型钳（双行程）"。

步骤 4：输入数值，按【回车】键。

3. 焊机特性文件关键参数设定

（1）脉冲—行程转换数据的输入　要想用 mm 指定焊钳的张开度，需要输入焊钳轴电动机编码器的脉冲值与焊钳张开度（mm）的关系值。请按照以下步骤操作。数据可输入到 8 个点。

步骤 1：用示教编程器进行微动动作，设定适宜的焊钳张开度。从示教盒读取焊钳轴电动机编码器的脉冲值。

步骤 2：8 个点可重复上述步骤 1。若通过机械图样，已了解二者关系时，求 8 个点的数据。

步骤3：将获得的8组数据输入到焊钳特性文件的"脉冲—行程转换"中。

（2）转矩—压力转换数据的输入　用N指定压力，需要输入焊钳轴电动机的转矩（%）和压力（N）的关系值。请按照以下步骤操作。数据可输入到8点。

步骤1：在空打压力文件设定压力。压力单位请用转矩（%）进行指定。

步骤2：把SVGUNCL命令登录到程序。请用步骤1指定设定的空打压力文件。

步骤3：执行程序，用压力表测量焊钳压力，如图5-29所示。

步骤4：改变压力，重复上述1~3的步骤，测量转矩与压力的8组数据。

步骤5：把得到的8组数据输入到焊钳特性文件"转矩—压力转换"中。

图5-29　压力测试现场

三、焊机特性设定

1. 焊机特性设定步骤

焊机固有功能在焊机特性文件中指定。设定步骤如下：

步骤1：选择【主菜单】中的【点焊】。

步骤2：选择【点焊焊机特性】，其画面如图5-30所示。

步骤3：用【翻页】键选择焊机号。

步骤4：选择待设定项目。

步骤5：输入数值，按【回车】键。

2. 焊机启动特性时序图

焊机命令输出类型有三种，分别为电平、脉冲和开始信号。在SVSPOT命令的WST参数指定焊机启动时间时，根据这三种类型的不同，其启动方式有所不同。电平、脉冲和开始信号三种启动特性时序图分别如图5-31、图5-32和图5-33所示。

四、点焊专用命令

1. SVSPOT（执行焊接）命令

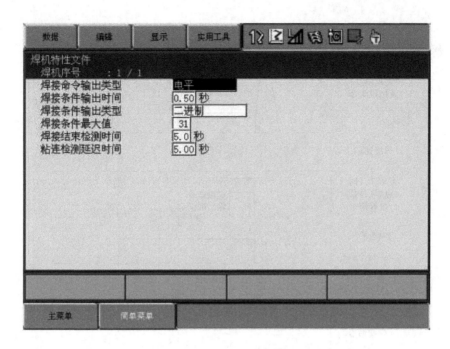

图 5-30　点焊焊机特性画面

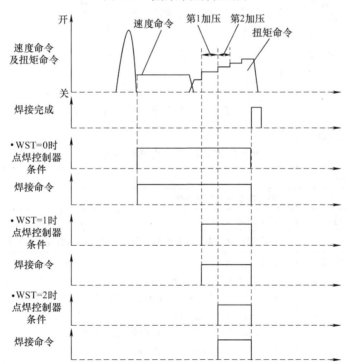

图 5-31　"电平"类型的焊机启动特性时序图

SVSPOT 命令的格式如下所示：

$$\text{SVSPOT} \underbrace{\text{GUN\#（1）}}_{①} \underbrace{\text{PRESS\#（1）}}_{②} \underbrace{\text{WTM}=1}_{③} \underbrace{\text{WST}=1}_{④}$$

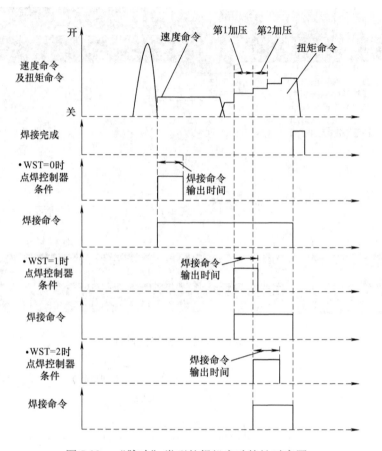

图 5-32 "脉冲"类型的焊机启动特性时序图

各参数的含义如表 5-7 所示。

表 5-7 SVSPOT 命令各参数含义

序号	名称	作用
①	焊钳号	指定焊接时使用的焊钳号
②	压力文件号	指定设定压力的文件号
③	焊接条件号	指定焊机设定的焊接条件号。焊接电流和焊接时间在焊机侧进行设定
④	焊机启动时间	指定启动焊机的时间 从以下 3 个条件中选择： 1）WST＝0：执行 SVSPOT 命令的同时启动焊机 由于在加压开始前要启动焊机，所以焊机需要预压时间 2）WST＝1：在执行一次加压的同时启动焊机 3）WST＝2：在执行二次加压的同时启动焊机

PRESS 参数指定的压力文件设定步骤如下：

步骤 1：在【主菜单】中选择【点焊】。

步骤 2：选择【焊钳压力】，显示焊钳压力设定画面，如图 5-34 所示。

焊钳压力文件各部分作用如表 5-8 所示。

项目五　工业机器人点焊工作站现场编程

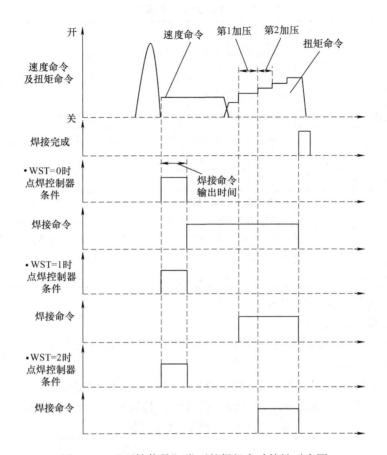

图 5-33　"开始信号"类型的焊机启动特性时序图

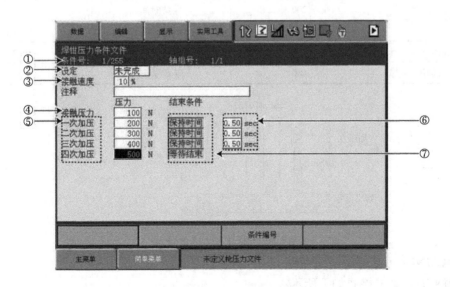

图 5-34　焊钳压力文件设定画面

表 5-8　焊钳压力文件各部分作用

序号	名称	作用
①	文件号	显示压力文件号。用【翻页】键选择文件号
②	设定	显示压力文件设定状态。未输入数值的文件会显示"未完成",已输入数值的文件显示"完成"
③	接触速度	表示焊钳关闭时电极的动作速度。用焊钳电动机额定转数的比率(%)表示
④	接触压力	表示电极与工件接触时的压力。电极与工件接触,到达接触压力点时,实施一次加压
⑤	1~4次的压力	表示各阶段的压力
⑥	1~4次加压结束条件	表示各阶段压力的结束条件。可选择"保持时间"和"等待结束"。当选择"保持时间"时,只在指定的时间加压。时间在下一个项目中指定。当选择"等待结束"时,从焊机得到焊接结束的信号后结束加压。此外,若在1~3次加压均选择"等待结束"时,之后的压力条件不显示
⑦	1~4次加压时间	表示各阶段压力的加压时间。当结束条件为"等待结束"时,该项目不显示

步骤3:用【翻页】键选择文件号。

步骤4:选择待设定项目。

步骤5:输入数值,按【回车】键。"结束条件"时,按【选择】键,"保持时间"与"等待结束"交互显示。

步骤6:把光标移动到"设定",按"选择",将未完成修改为完成。

表5-9为一组压力参数设定示例,设定完成后,其效果如图5-35所示。

表 5-9　一组压力参数示例

	压力/N	技术条件	加压时间/s
接触压力	100		
一次加压	200	保持时间	0.2
二次加压	150	保持时间	0.1
三次加压	220	保持时间	0.2
四次加压	180	等待结束	

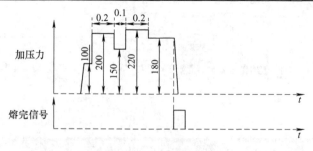

图 5-35　压力文件设定效果

2. SVGUNCL(空打动作)命令

SVGUNCL命令的格式如下所示:

$$\text{SVGUNCL} \underbrace{\text{GUN\# (1)}}_{①} \underbrace{\text{PRESSCL\# (1)}}_{②} \underbrace{\text{附加参数}}_{③}$$

各参数的含义如表 5-10 所示。

表 5-10 SVGUNCL 命令各参数含义

序号	名称	作用
①	焊钳号	指定执行空打的焊钳号。与 SVSPOT 命令使用同一焊钳
②	空打压力文件号	指定设定空打压力的文件号
③	附加参数	在磨损检测等操作时,指定参数,如 TWC-A、TWC-AE、TWC-B、TWC-BE、TWC-C 等

PRESSCL 参数指定的压力文件设定步骤如下:

步骤 1:选择【主菜单】中的【点焊】。

步骤 2:选择【空打压力】,显示空打压力设定画面,如图 5-36 所示。

空打压力文件各部分作用如表 5-11 所示。

表 5-11 空打压力文件各部分作用

序号	名称	作用
①	文件号	显示空打压力文件号。用【翻页】键选择文件号
②	合钳时间	指从修磨器旋转信号输出到焊钳开始加压的时间
③	开钳时间	指从加压结束到修磨器的输出信号断开的时间
④	接触速度	指焊钳关闭时电极的动作速度。用焊钳电动机额定转数的比率(%)表示
⑤	空打压力单位	指空打压力的单位。可选择"N",也可选择"%(转矩)"
⑥	接触压力	指电极与工件接触时的压力。电极接触工件,到达接触压力时,为一次压力
⑦	1~4 次压力	指不同阶段时的空打压力
⑧	1~4 次加压时间	指不同阶段空打压力的加压时间
⑨	有/无与 1~4 次压力同步输出的信号	指有/无与各阶段空打压力同步输出的通用输出信号。与电极修磨器同步输出信号时,选择"有"
⑩	1~4 次加压同步输出信号	指与各阶段空打加压同步输出的通用输出信号的序号

步骤 3:用【翻页】键选择文件号。

步骤 4:选择待设定项目。

步骤 5:输入数值,按【回车】键。若为"空打压力单位"时,按【选择】键,"N" 与"%(力矩)"交互显示。若为"输出(指定)"时,按【选择】键,"有"与"无"交互显示。

表 5-12 为一组压力参数设定示例,设定完成后,其效果如图 5-37 所示。

表 5-12 一组压力参数示例

	压力/N	加压时间/s	输出
接触压力	100		
一次加压	200	0.2	有
二次加压	220	0.5	有
三次加压	0	0	无
四次加压	0	0	无
修磨器旋转信号			

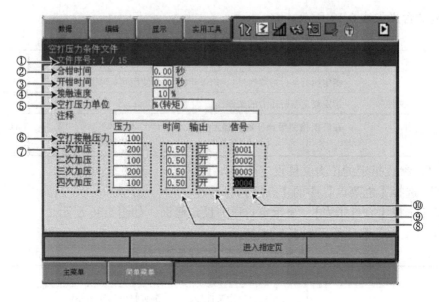

图 5-36 空打压力文件设定画面

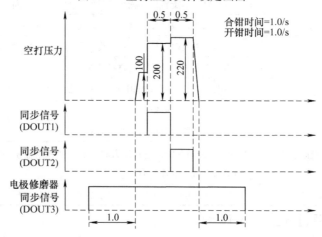

图 5-37 压力文件设定效果示例

3. GUNCHG 焊钳更换命令

GUNCHG 命令的格式如下所示：

$$\text{GUNCHG} \underset{①}{\underline{\text{GUN\#（1）}}} \underset{②}{\underline{\text{PICK}}}$$

各参数的含义如表 5-13 所示。

表 5-13 GUNCHG 命令各参数含义

序号	名称	作用
①	焊钳号	指定更换的焊钳号
②	指定焊钳的安装（分离）	当指定 PICK 时，伺服焊钳电动机电源接通。当指定 PLACE（焊钳分离）时，伺服焊钳电动机电源断开

五、手动操作

1. 伺服焊钳的打开和关闭

伺服焊钳的打开/关闭，请按以下步骤操作。

步骤1：按【外部轴切换】键，【外部轴切换】键的 LED 指示灯亮。

步骤2：选择焊钳轴控制组。每按一次键，对象外部轴就转换一次。

步骤3：按手动速度 高 或 低，选择轴动作时的手动速度。

步骤4：按【S+】键或【S-】键。伺服焊钳"打开"或"关闭"。

2. 手动焊接

手动焊接请进行以下操作。

步骤1：按数字键的【0/手动条件】。

步骤2：同时按【联锁】+【./焊接】键。

显示手动焊接画面时，同时按这 2 个键，执行手动焊接。手动焊接使用焊接画面显示的条件进行。

手动焊接条件设定步骤如下。

步骤1：按数值键【0/手动条件】，显示手动焊接条件设定画面，如图 5-38 所示。

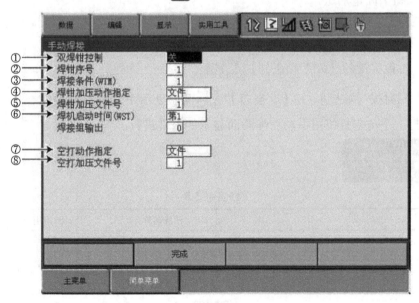

图 5-38　手动焊接条件设定画面

手动焊接条件各部分作用如表 5-14 所示。

表 5-14　手动焊接条件各部分作用

序号	名称	作用
①	双焊钳控制	使用双焊钳时，选择有/无同时控制
②	焊钳号	设定实施加压的焊钳号

(续)

序号	名称	作用
③	焊接条件	设定焊接时使用的焊接条件
④	设定焊钳加压的动作	用"文件"进行指定
⑤	焊钳加压文件号	设定焊接时使用的加压文件号
⑥	焊机启动输出时间（WST）	显示启动焊机的时间。从以下 3 个条件中选择 1）接触动作：执行 SVSPOT 指令的同时启动焊机 由于在加压开始前启动焊机，所以焊机需要预压时间 2）一次加压：在一次加压的同时启动焊机 3）二次加压：在二次加压的同时启动焊机
⑦	空打动作的指定	显示空打动作的加压方法。从以下 2 个条件选择 1）文件：按照空打压力文件的指定加压 2）固定加压：用"固定压力"指定的压力
⑧	空打压力文件号或固定压力	空打压力文件号：设定加压使用的空打压力文件号 固定压力：设定空打动作时的压力

步骤 2：选择待设定项目。

步骤 3：输入数值，按【回车】键。"焊机输出期间"时，按【选择】键，则交互显示"接触动作"、"一次加压"、"二次加压"。"空打动作指定"时，按【选择】键，则交互显示"文件"和"固定加压"。

3. 手动空打

手动空打请按照以下步骤进行。

步骤 1：按数字键的【0/手动条件】键。

步骤 2：同时按【联锁】+【2/空打】键。显示手动焊接画面时，同时按这 2 个键，执行空打。手动空打使用手动点焊画面显示的条件进行。

【任务实施】

任务书 5-3

姓名		任务名称	使用点焊命令
指导教师		同组人员	
计划用时		实施地点	工业机器人仿真实训室
时间		备注	
任务内容			

1. 认识 DX100 点焊专用键分布及功能
2. 认识 DX100 点焊系统焊钳特性文件各参数的含义
3. 认识焊机特性文件各参数的含义
4. 熟悉 SVSPOT、SVGUNCL、GUNCHG 命令功能
5. 熟悉手动操作点焊钳的方法

（续）

考核项目	根据实际系统设定焊钳特性文件各参数
	设定焊机特性文件各参数
	设定压力文件各参数
	点焊钳的手工操作

资料	工具	设备
工业机器人安全操作规程	常用工具	工业机器人点焊工作站
ES165D 使用说明书		
工业机器人点焊工作站说明书		

任务完成报告 5-3

姓名		任务名称	使用点焊命令
班级		小组成员	
完成日期		分工内容	
1. 简述焊钳特性文件各参数含义，进行初步设定并记录。			
2. 简述焊机特性文件各参数含义，进行初步设定并记录。			
3. 简述压力文件各参数含义，进行初步设定并记录。			
4. 使用上述条件测试焊接效果，对系统参数进行调节并记录。			

任务四 示教点焊工作站程序

根据焊接的工件，对机器人侧和焊机侧的焊接参数进行设置，然后对机器人进行示教，焊接的参数需要根据实际的焊接效果进行调节，以确定最佳的参数。

【知识准备】

一、焊接参数选择与设定

1. 焊接参数的选择

通常是根据工件的材料和厚度,参考该种材料的焊接条件表选取,首先确定电极的端面形状和尺寸。其次初步选定电极压力和焊接时间,然后调节焊接电流,以不同的电流焊接试样,经检查熔核直径符合要求后,再在适当的范围内调节电极压力、焊接时间和电流,进行试样的焊接和检验,直到焊点质量完全符合技术条件所规定的要求为止。

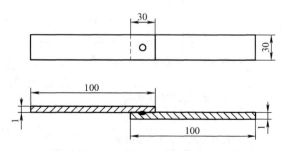

图 5-39 点焊工件(材质低碳钢)

现以图 5-39 所示工件为例,介绍点焊参数的选择。

焊接的工件材质是低碳钢,厚度为 1mm,根据表 5-15 所示的美国电阻焊制造协会推荐的低碳钢点焊的条件,对工艺参数进行初选。此处选择的是 B 级规范,焊接时间为 17 周,电极压力为 1.47kN,焊接电流为 7.2kA。

表 5-15 低碳钢点焊焊接条件

板厚 /mm	截锥型电极尺寸		A 级(最佳规范)			B 级(中等规范)			C 级(一般规范)		
	d /mm	D /mm	焊接 时间 /周	电极 压力 /kN	焊接 电流 /kA	焊接 时间 /周	电极 压力 /kN	焊接 电流 /kA	焊接 时间 /周	电极 压力 /kN	焊接 电流 /kA
0.4	3.2	12	4	1.18	5.4	7	0.74	4.4	17	0.39	0.35
0.5	3.5	12	5	1.32	6	9	0.88	5	20	0.44	0.39
0.6	4	12	6	1.47	6.6	11	0.98	5.5	23	0.49	0.43
0.8	4.5	12	7	1.72	8	13	1.18	6.4	25	0.69	0.5
1	5	12	8	2.16	9	17	1.47	7.2	30	0.83	0.56
1.2	5.5	12	10	2.7	10	19	1.72	8	33	0.98	0.61
1.4	6	12	12	3.14	10.8	22	1.96	8.8	38	1.18	0.66
1.6	6.3	12	13	3.63	11.6	25	2.26	9.2	43	1.32	0.71
1.8	6.7	16	15	4.22	12.5	28	2.55	9.8	45	1.52	0.76
2	7	16	17	4.71	13.2	30	2.94	10.4	48	1.72	0.8
2.3	7.6	16	20	5.59	14.4	37	3.24	11	54	1.96	0.86
2.8	8.5	16	24	6.87	16	43	4.22	12.4	60	2.26	0.95
3.2	9	16	27	8.04	17.4	50	4.71	13.2	65	2.8	10.2
3.6	9.5	20	34	9.02	18.4	60	5.3	14	85	3.09	10.8

(续)

板厚/mm	截锥型电极尺寸		A级（最佳规范）			B级（中等规范）			C级（一般规范）		
	d/mm	D/mm	焊接时间/周	电极压力/kN	焊接电流/kA	焊接时间/周	电极压力/kN	焊接电流/kA	焊接时间/周	电极压力/kN	焊接电流/kA
4	10	20	42	10.2	19.8	75	5.98	15	129	3.53	11.3
5	11.2	20	58	13.5	22.4	100	7.65	16.8	175	4.32	12.7

注：1. 首先选用最佳规范，然后再考虑试选中等规范。在生产中，可根据实际情况，对焊接规范进行调整，调整量不超过±15%。
2. 对于不同厚度的零件点焊时，规范参数可先按薄件选取，再按板件厚度的平均值通过试片剥离实验修正。通常选用硬规范：大电流、短时间来改善熔核偏移。
3. 多层板焊接，按外层较薄零件厚度选取规范参数，再按板件厚度的平均值通过试片剥离试验修正。当一台焊机既焊双层板又焊多层板时，优先选用能够兼顾两种情况的规范参数；当不能兼顾时，多层板焊接可采用二次点焊。
4. 车身外覆盖件要求采用无痕点焊，焊接工艺规范经过工艺验证后纳入工艺文件，特殊情况除外。
5. 1周=0.02s。

2. DX100点焊参数的设定

根据上述所选焊接参数，初步设定焊接压力文件，具体参数如表5-16所示，接触速度设置为5%。

表5-16 焊接压力参数

	压力/N	技术条件	加压时间/s
接触压力	500		
一次加压	1400	保持时间	0.2
二次加压	1200	保持时间	0.1
三次加压	1400	保持时间	0.2
四次加压	1200	等待结束	

3. 焊机侧参数设定

那电久寿公司生产的IWC5-10136C焊接控制装置工作时序如图5-40所示。

根据上述点焊工件选定参数和图5-40中各参数含义，预设点焊电源参数如表5-17所示。

表5-17 点焊电源参数设定

序号	图5-40中参数	焊机内部对应参数	设定值	备注
1	S0（预加压时间）	PRE-SQUEEZE TIME	0周期	
2	S1（加压时间）	SQUEEZE TIME	20周期	
3	S2（加压力稳定时间）	PRESSURE STABLE TIME	0周期	
4	US（上升时间）	UP SLOPE TIME	0周期	
5	W1（通电时间1）	#1 WELD TIME	8周期	
6		#1 WELD CURRENT（CC）	7.2kA	通电电流1
7	CT1（冷却时间1）	#1 COOL TIME	2周期	
8	W2（通电时间2）	#2 WELD TIME	5周期	

(续)

序号	图5-40中参数	焊机内部对应参数	设定值	备注
9		#2WELD CURRENT（CC）	7.2kA	通电电流2
10	CT2（冷却时间2）	#2COOL TIME	0周期	
11	W3（通电时间3）	#3 WELD TIME	5周期	
12		#3WELD CURRENT（CC）	7.2kA	通电电流3
13	DS（下降时间）	DOWN SLOPE TIME	0周期	
14	H（保持时间）	HOLD TIME	5周期	
15	WCD（焊接完了延迟时间）	OFF TIME	10周期	

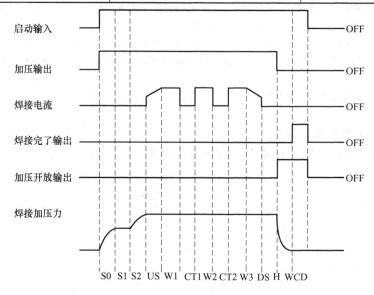

图5-40 IWC5-10136C工作时序图

二、机器人示教

1. 程序的建立

在点焊工作站中，焊钳轴是作为机器人的外部轴进行控制的，因此在对点焊机器人进行示教时，若需要对焊钳进行控制，需要在控制组中同时选择机器人和焊钳轴。具体步骤如下。

步骤1：选择【主菜单】中的【程序】。

步骤2：选择【建立新程序】。

步骤3：输入程序名称。

步骤4：设定控制组。设定带焊钳轴的控制组，焊钳轴作为工装登录。机器人拿焊钳时，务必登录"机器人+工装（焊钳轴）"的控制组。只有焊钳轴的控制组程序时，不能正常使用加压补偿功能。

假设机器人为R1、焊钳轴为S时，控制组选择"R1+S1"，如图5-41所示。

2. 程序点的示教

按照点焊的要求，对机器人进行示教，程序点的示意位置如图5-42所示。

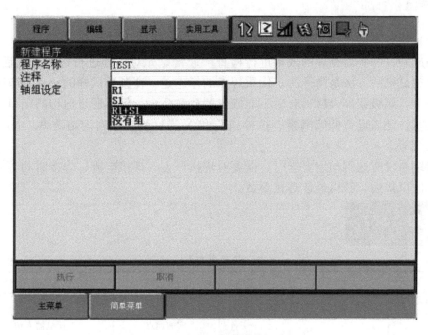

图 5-41　控制组选择画面

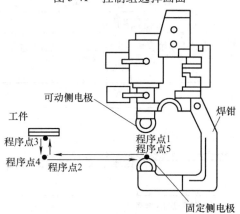

图 5-42　焊接点示教步骤

示教后的程序如图 5-43 所示。

行	指令	内容说明
0000	NOP	
0001	MOVJ VJ=25.00	移到待机位置（程序点1）
0002	MOVJ VJ=25.00	移到焊接开始位置附近（程序点2）
0003	MOVJ VJ=25.00	移到焊接开始位置（程序点3）
0004	SVSPOT GUN#（1）PRESS#（1）WTM=1 WST=0	焊接开始。指定焊钳号1、压力文件号1、焊接条件号1，在执行SVSPOT指令的同时启动焊机
0005	MOVJ VJ=25.00	移到不碰撞工件、夹具的地方（程序点4）
0006	MOVJ VJ=25.00	移到待机位置（程序点5）
0007	END	

图 5-43　点焊机器人程序

三、焊接质量的检查

焊接完成后，需要对点焊的效果进行检查。通常是先对试样进行焊接，然后进行测试，最常用的检验试样的方法是撕开法。优质焊点的标志是：在撕开试样的一片上有圆孔，另一片上有圆凸台。厚板或淬火材料有时不能撕出圆孔和凸台，但可通过剪切的断口判断熔核的直径。必要时，还需进行低倍测量、拉抻试验和 X 光检验，以判定熔透率、抗剪强度和有无缩孔、裂纹等。

当焊接结果没有达到预定要求时，需要对焊接压力、焊接电流、焊接时间等参数进行调整，经过多次试焊后，获得最佳焊接参数。

【任务实施】

任务书 5-4

姓名		任务名称	示教点焊工作站程序
指导教师		同组人员	
计划用时		实施地点	工业机器人仿真实训室
时间		备注	
任务内容			

完成图 5-39 所示两块钢板的焊接，要求选取系统参数并进行设定，对机器人进行示教，完成焊接任务。

考核项目	根据焊接要求正确选择焊接参数
	能根据焊接要求设定焊接电源参数
	能根据焊接要求设定机器人侧参数
	能对简单工件进行示教，完成焊接
	根据焊接的效果对焊接参数进行调整

资料	工具	设备
工业机器人安全操作规程	常用工具	工业机器人点焊工作站
ES165D 使用说明书		
工业机器人点焊工作站说明书		

项目五　工业机器人点焊工作站现场编程

任务完成报告 5-4

姓名		任务名称	示教点焊工作站程序
班级		小组成员	
完成日期		分工内容	

1. 根据焊接要求记录所设定的焊接参数，简要记录系统参数设定过程。

2. 完成工件的焊接，记录示教完成的程序。

3. 试通过网络查询等方式，描述常见焊接缺陷、产生原因及解决办法。

【考核与评价】

学生自评表 5　　　　　年　月　日

项目名称	工业机器人点焊工作站现场编程					
班级		姓名		学号	组别	
评价项目	评价内容			评价结果（好/较好/一般/差）		
专业能力	认识电阻点焊的工作原理					
	能根据焊接要求选取压力、电流等焊接参数					
	能够正确设置焊接电源各参数					
	能够正确设置焊钳各参数					
	能够对机器人进行示教，完成工件焊接					

· 209 ·

(续)

评价项目	评价内容	评价结果(好/较好/一般/差)
方法能力	能够遵守安全操作规程	
	会查阅、使用说明书及手册	
	能够对自己的学习情况进行总结	
	能够如实对自己的情况进行评价	
社会能力	能够积极参与小组讨论	
	能够接受小组的分工并积极完成任务	
	能够主动对他人提供帮助	
	能够正确认识自己的错误并改正	
自我评价及反思		

学生互评表 5 年 月 日

项目名称	工业机器人点焊工作站现场编程				
被评价人	班级		姓名		学号
评价人					
评价项目	评价标准			评价结果	
团队合作	A. 合作融洽				
	B. 主动合作				
	C. 可以合作				
	D. 不能合作				
学习方法	A. 学习方法良好,值得借鉴				
	B. 学习方法有效				
	C. 学习方法基本有效				
	D. 学习方法存在问题				
专业能力(勾选)	认识电阻点焊的工作原理				
	能根据焊接要求选取压力、电流等焊接参数				
	能够正确设置焊接电源各参数				
	能够正确设置焊钳各参数				
	能够对机器人进行示教,完成工件焊接				
综合评价					

教师评价表 5　　　　　　　　　　　　　　　　　　　　　　　年　月　日

项目名称	工业机器人点焊工作站现场编程		
被评价人	班级	姓名	学号
评价项目	评价内容	评价结果（好/较好/一般/差）	
专业认知能力	认识电阻点焊基本工作原理		
	能说出工业机器人点焊工作站各部分功能		
	能够说出示教编程器点焊功能各按键的含义		
	能够说出焊钳特性、焊机特性、压力文件等内部参数的含义		
	能够理解任务要求的含义		
专业实践能力	能根据焊接要求选取压力、电流等焊接参数		
	能够正确设置焊接电源各参数		
	能够正确设置焊钳特性、压力文件等机器人侧焊接参数		
	能够对机器人进行示教，完成工件焊接		
	能够正确地使用设备和相关工具		
	能够遵守安全操作规程		
	能够正确填写任务报告记录		
社会能力	能够积极参与小组讨论		
	能够接受小组的分工并积极完成任务		
	能够主动对他人提供帮助		
	能够正确认识自己的错误并改正		
	善于表达和交流		
综合评价			

【学习体会】

_____

_____

_____

_____

_____

【思考与练习】

1. 简述电阻点焊的工作原理。
2. 简述电阻点焊的工艺过程。
3. 简述影响电阻点焊的工艺参数有哪些。
4. 简要描述工业机器人点焊工作站系统基本构成及作用。
5. 简述焊钳特性文件中各参数的含义。
6. 通过网络等手段,查询电阻点焊的常见焊接缺陷、产生原因及解决方法。

附录

附录A　DX100基本命令一览

序号	指令	类别	使用方法		
1	MOVS	移动命令	功能	以自由曲线插补形式向示教位置移动	
			添加项目	位置数据、基座轴位置数据、工装轴位置数据	画面不显示
				V =（再现速度）、VR =（姿势的再现速度）、VE =（外部轴的再现速度）	与MOVL相同
				PL =（定位等级）	PL：0~8
				NWAIT	
				ACC =（加速度调整比率）	ACC：20%~100%
				DEC =（减速度调整比率）	DEC：20%~100%
			使用示例	MOVS V = 120 PL = 0	
2	IMOV	移动命令	功能	以直线插补方式从当前位置按照设定的增量值距离移动	
			添加项目	P（变量号）、BP（变量号）、EX（变量号）	
				V =（再现速度）VR =（姿态的再现速度）、VE =（外部轴的再现速度）	与MOVL相同
				PL =（定位等级）	PL：0~8
				NWAIT	
				BF、RF、TF、UF#（用户坐标号）	BF：基座坐标 RF：机器人坐标 TF：工具坐标 UF：用户坐标
				UNTIL 语句	
				ACC =（加速度调整比率）	ACC：20%~100%
				DEC =（减速度调整比率）	DEC：20%~100%
			使用示例	IMOV P000 V =138 PL =1 RF	
3	IMOV	移动命令	功能	以直线插补方式从当前位置按照设定的增量值距离移动	
			添加项目	P（变量号）、BP（变量号）、EX（变量号）	

（续）

序号	指令	类别	使用方法		
3	IMOV	移动命令	添加项目	V =（再现速度）	与 MOVL 相同
				VR =（姿态的再现速度）、VE =（外部轴的再现速度）	
				PL =（定位等级）	PL：0 ~ 8
				NWAIT	
				BF、RF、TF、UF#（用户坐标号）	BF：基座坐标 RF：机器人坐标 TF：工具坐标 UF：用户坐标
				UNTIL 语句	
				ACC =（加速度调整比率）	ACC：20% ~ 100%
				DEC =（减速度调整比率）	DEC：20% ~ 100%
			使用示例	IMOV P000 V = 138 PL = 1 RF	
4	REFP	移动命令	功能	设定摆动壁点等参照点	
			添加项目	（参照点号）	画面不显示
				位置数据、基座轴数据、工装轴数据	摆焊壁点 1：1 摆焊壁点 2：2
			使用示例	REFP 1	
5	SPEED	移动命令	功能	设定再现速度	
			添加项目	VJ =（关节速度）	VJ：与 MOVJ 相同 V、VR、VE： 与 MOVL 相同
				V =（控制点速度）	
				VR =（姿态角速度）	
				VE =（外部轴速度）	
			使用示例	SPEED VJ = 50.00	
6	MOVJ	移动命令	功能	以关节插补方式向示教位置移动	
			添加项目	位置数据、基座轴位置数据、工装轴位置数据	画面中不显示
				VJ =（再现速度）	VJ：0.01% ~ 100.00 %
				PL =（定位等级）	PL：0 ~ 8
				NWAIT	
				UNTIL 语句	
				ACC =（加速度调整比率）	ACC：20% ~ 100%
				DEC =（减速度调整比率）	DEC：20% ~ 100%
			使用示例	MOVJ VJ = 50.00 PL = 2 NWAIT UNTIL IN#（16）= ON	
7	MOVL	移动命令	功能	以直线插补方式向示教位置移动	
			添加项目	位置数据、基座轴位置数据、工装轴位置数据	画面中不显示
				V =（再现速度）	V：0.1 ~

(续)

序号	指令	类别		使用方法	
7	MOVL	移动命令	添加项目	VR =（姿态的再现速度）	1500.0 mm/s
				VE =（外部轴的再现速度）	1 ~ 9000 cm/min
					R：0.1 ~ 180.0 °/s
					VE：0.01% ~ 100.00 %
				PL =（定位等级）	PL：0 ~ 8
				CR =（转角半径）	CR：1.0 ~ 6553.5mm
				NWAIT	
				UNTIL 语句	
				ACC =（加速度调整比率）	ACC：20% ~ 100%
				DEC =（减速度调整比率）	
			使用示例	MOVL V = 138 PL = 0 NWAIT UNTIL IN#（16）= ON	
8	MOVC	移动命令	功能	用圆弧插补形式向示教位置移动	
			添加项目	位置数据、基座轴位置数据、工装轴位置数据	画面不显示
				V =（再现速度）、VR =（姿态的再现速度）、VE =（外部轴的再现速度）	与 MOVL 相同
				PL =（定位等级）	PL：0 ~ 8
				NWAIT	
				ACC =（加速度调整比率）	ACC：20% ~ 100%
				DEC =（减速度调整比率）	DEC：20% ~ 100%
			使用示例	MOVC V = 138 PL = 0 NWAIT	
9	DOUT	输入输出命令	功能	ON/OFF 外部输出信号	
			添加项目	OT#（〈输出号〉）、OGH#（〈输出组号〉）、OG#（〈输出组号〉）OGH#（xx）无奇偶性确认，只进行二进制指定	1 个点 4 个点（1 个组） 8 个点（1 个组）
				FINE	精密
			使用示例	DOUT OT#（12）ON	
10	PULSE	输入输出命令	功能	外部输出信号输出脉冲	
			添加项目	OT#（〈输出号〉）OGH#（〈输出组号〉）OG#（〈输出组号〉）	1 个点 4 个点（1 个组） 8 个点（1 个组）
				T =〈时间〉	0.01 ~ 655.35 s 若无指定，为 0.30 s
			使用示例	PULSE OT#（10）T = 0.60	

（续）

序号	指令	类别	使用方法		
11	DIN	输入输出命令	功能	把输入信号读入到变量中	
			添加项目	B〈变量号〉	
				IN#（〈输入号〉）、IGH#（〈输入组号〉）、IG#（〈输入组号〉）、OT#（〈通用输出号〉）、OGH#（〈输出组号〉）、OG#（〈输出组号〉）、SIN#（〈专用输入号〉）、SOUT#（〈专用输出号〉）、IGH#（xx）、OGH#（xx）无奇偶性确认，只指定二进制	1个点 4个点（1个组） 8个点（1个组） 1个点 4个点（1个组） 8个点（1个组）
			使用示例	DIN B016 IN#（16）DIN B002 IG#（2）	
12	WAIT	输入输出命令	功能	当外部输入信号与指定状态达到一致前，始终处于待机状态	
			添加项目	IN#（输入号） IGH#（〈输入组号〉）、IG#（〈输入组号〉）、OT#（〈通用输出号〉）、OGH#（〈输出组号〉）、OG#（〈输出组号〉）、SIN#（〈专用输入号〉）、SOUT#（〈专用输出号〉）	1个点 4个点（1个组） 8个点（1个组） 1个点 4个点（1个组） 8个点（1个组）
				（状态）、B（变量号）	
				T =（时间）	0.01 ~ 655.35 s
			使用示例	WAIT IN#（12）= ON T = 10.00 WAIT IN#（12）= B002	
13	AOUT	输入输出命令	功能	向通用模拟输出口输出设定电压值	
			添加项目	AO#（〈输出口号〉）	1 ~ 40
				〈输出电压值〉	-14.0 ~ 14.0V
			使用示例	AOUT AO#（2）12.7	
14	ARATION	输入输出命令	功能	启动与速度匹配的模拟输出	
			添加项目	AO#（〈输出口号〉）	1 ~ 40
				BV =〈基础电压〉	-14.00 ~ +14.00V
				V =〈基础速度〉	0.1 ~ 150.0 mm/s 1 ~ 9000 cm/min
				OFV =〈偏移电压〉	-14.00 ~ +14.00V
			使用示例	ARATION AO#（1）BV = 10.00 V = 200.0 OFV = 2.00	
15	ARATIOF	输入输出命令	功能	结束与速度匹配的模拟输出	
			添加项目	AO#（〈输出口号〉）	1 ~ 40
			使用示例	ARATIOF AO#（1）	

（续）

序号	指令	类别	使用方法		
16	JUMP	控制命令	功能	向指定标号或程序跳转	
			添加项目	*〈标号字符串〉、JOB：〈程序名称〉、IG#（〈输入组号〉）、B〈变量号〉、I〈变量号〉、D〈变量号〉	
				UF#（〈用户坐标号〉）	
				IF 语句	
			使用示例	JUMP JOB：TEST1 IF IN#（14）＝OFF	
17	*（标号）	控制命令	功能	显示跳转目的地	
			添加项目	〈跳转目的地〉	半角 8 个字符以内
			使用示例	*123	
18	CALL	控制命令	功能	调用指定程序	
			添加项目	JOB：(程序名称)、IG#（〈输入组号〉）、B〈变量号〉、I〈变量号〉、D〈变量号〉	
				UF#（用户坐标号）	
				IF 语句	
			使用示例	CALL JOB：TEST1 IF IN#（24）＝ON CALL IG#（2） （根据输入信号的结构调用程序。此时，不能调用程序 0）	
19	RET	控制命令	功能	从被调用程序返回调用程序	
			添加项目	IF 语句	
			使用示例	RET IF IN#（12）＝OFF	
20	END	控制命令	功能	说明程序的结束	
			添加项目	无	
			使用示例	END	
21	NOP	控制命令	功能	不执行任何功能	
			添加项目	无	
			使用示例	NOP	
22	TIMER	控制命令	功能	只在指定时间停止	
			添加项目	T =〈时间〉	0.01 ～ 655.35s
			使用示例	TIMER T = 12.50	
23	IF 语句	控制命令	功能	判断各种条件。添加在其他进行处理的命令之后使用 格式：〈比较要素 1〉＝、＜＞、＜＝、＞＝、＜、＞ 〈比较要素 2〉	
			添加项目	〈比较要素 1〉	
				〈比较要素 2〉	
			使用示例	JUMP *12 IF IN#（12）＝OFF	

（续）

序号	指令	类别		使用方法	
24	UNTIL 语句	控制命令	功能	在运动中判断输入条件。添加在其他进行处理的命令之后使用	
			添加项目	IN#（〈输入号〉）	
				〈状态〉	
			使用示例	MOVL V = 300 UNTIL IN#（10）= ON	
25	PAUSE	控制命令	功能	暂停	
			添加项目	IF 语句	
			使用示例	PAUSE IF IN#（12）= OFF	
26	' （注释）	控制命令	功能	显示注释	
			添加项目	〈注释〉	半角 32 个字符以内
			使用示例	描述 100mm 正方形程序	
27	CWAIT	控制命令	功能	等待执行下一行指令。与移动指令的 NWAIT 标记配对使用	
			添加项目	无	
			使用示例	MOVL V = 100 NWAIT DOUT OT#（1）ON CWAIT DOUT OT#（1）OFF MOVL V = 100	
28	ADVINIT	控制命令	功能	对预读命令进行初始化处理。对变量数据的访问时间进行调整时使用	
			添加项目	无	
			使用示例	ADVINIT	
29	ADVSTOP	控制命令	功能	停止预读命令。对变量数据的访问时间进行调整时使用	
			添加项目	无	
			使用示例	ADVINIT	
30	SFTON	平移命令	功能	启动平移动作	
			添加项目	P〈变量号〉、BP〈变量号〉、EX〈变量号〉	
				BF、RF、TF、UF#（〈用户坐标号〉）	BF：基座坐标 RF：机器人坐标 TF：工具坐标 UF：用户坐标
			使用示例	SFTON P001 UF#（1）	
31	SFTOF	平移命令	功能	停止平移动作	
			添加项目	无	
			使用示例	SFTOF	

（续）

序号	指令	类别	使用方法			
32	MSHIFT	平移命令	功能	在指定坐标系,利用数据 2 和数据 3 的计算,得出平移量,存入数 1 格式:MSHIFT〈数据 1〉〈坐标〉〈数据 2〉〈数据 3〉		
			添加项目	数据 1	PX〈变量号〉	
				坐标	BF、RF、TF、UF #（〈用户坐标号〉）、MTF	BF:基座坐标 RF:机器人坐标 TF:工具坐标 UF:用户坐标 MTF:主动侧 工具坐标
				数据 2	PX〈变量号〉	
				数据 3	PX〈变量号〉	
			使用示例	MISHIFT PX000 RF PX001 PX002		
33	ADD	运算命令	功能	数据 1 与数据 2 相加,相加后的结果存入数据 1 格式:ADD〈数据 1〉〈数据 2〉		
			添加项目	数据 1	B〈变量号〉I〈变量号〉D〈变量号〉R〈变量号〉P〈变量号〉BP〈变量号〉EX〈变量号〉	数据 1 经常为变量
				数据 2	常量 B〈变量号〉 I〈变量号〉 D〈变量号〉 R〈变量号〉 P〈变量号〉 BP〈变量号〉 EX〈变量号〉	
			使用示例	ADD I012 I013		
34	SUB	运算命令	功能	数据 1 与数据 2 相减,结果存入数据 1 格式:SUB〈数据 1〉〈数据 2〉		
			添加项目	数据 1	B〈变量号〉I〈变量号〉D〈变量号〉R〈变量号〉P〈变量号〉BP〈变量号〉EX〈变量号〉	数据 1 常为变量
				数据 2	常数 B〈变量号〉I〈变量号〉D〈变量号〉R〈变量号〉P〈变量号〉BP〈变量号〉EX〈变量号〉	
			使用示例	SUB I012 I013		

（续）

序号	指令	类别	使用方法			
35	MUL	运算命令	功能	数据1 与数据2 相乘,结果存入数据1 格式:MUL〈数据1〉〈数据2〉 数据1 的位置变量可用元素指定。Pxxx(0):所有轴数据 Pxxx(1):X 轴数据 Pxxx(2):Y 轴数据 Pxxx(3):Z 轴数据 Pxxx(4):Tx 轴数据 Pxxx(5):Ty 轴数据 Pxxx(6):Tz 轴数据		
			添加项目	数据1	B〈变量号〉I〈变量号〉D〈变量号〉R〈变量号〉P〈变量号〉(〈元素号〉) BP〈变量号〉(〈元素号〉) EX〈变量号〉(〈元素号〉)	数据1 常为变量
				数据2	常量 B〈变量号〉I〈变量号〉 D〈变量号〉R〈变量号〉	
			使用示例	MUL I012 I013 MUL P000 (3) 2 (用2 乘以 Z 轴数据的命令)		
36	DIV	运算命令	功能	用数据2 除以数据1,商存入数据1 格式:DIV〈数据1〉〈数据2〉 数据1 可用元素指定位置变量 Pxxx(0):所有轴数据 Pxxx(1):X 轴数据 Pxxx(2):Y 轴数据 Pxxx(3):Z 轴数据 Pxxx(4):Tx 轴数据 Pxxx(5):Ty 轴数据 Pxxx(6):Tz 轴数据		
			添加项目	数据1	B〈变量号〉I〈变量号〉 D〈变量号〉R〈变量号〉 P〈变量号〉(〈元件号〉) BP〈变量号〉(〈元件号〉) EX〈变量号〉(〈元件号〉)	数据1 常为变量
				数据2	常量 B〈变量号〉I〈变量号〉 D〈变量号〉R〈变量号〉	
			使用示例	DIV I012 I013 DIV P000 (3) 2 (用2 除以 Z 轴数据的命令)		

（续）

序号	指令	类别	使用方法		
37	INC	运算命令	功能	在指定的变量上加 1	
			添加项目	B〈变量号〉、I〈变量号〉、D〈变量号〉	
			使用示例	INC I043	
38	DEC	运算命令	功能	在指定的变量上减去 1	
			添加项目	B〈变量号〉、I〈变量号〉、D〈变量号〉	
			使用示例	DEC I043	
39	AND	运算命令	功能	取数据 1 和数据 2 的逻辑与,结果存入数据 1 格式:AND〈数据 1〉〈数据 2〉	
			添加项目	数据 1	B〈变量号〉
				数据 2	B〈变量号〉、常量
			使用示例	AND B012 B020	
40	OR	运算命令	功能	取数据 1 和数据 2 的逻辑或,结果存入数据 1 格式:OR〈数据 1〉〈数据 2〉	
			添加项目	数据 1	B〈变量号〉
				数据 2	B〈变量号〉、常量
			使用示例	OR B012 B020	
41	NOT	运算命令	功能	取数据 2 的逻辑非,结果存入数据 1 格式:NOT〈数据 1〉〈数据 2〉	
			添加项目	数据 1	B〈变量号〉
				数据 2	B〈变量号〉、常量
			使用示例	NOT B012 B020	
42	XOR	运算命令	功能	取数据 1 和数据 2 的逻辑异或,结果存入数据 1 格式:XOR〈数据 1〉〈数据 2〉	
			添加项目	数据 1	B〈变量号〉
				数据 2	B〈变量号〉、常量
			使用示例	XOR B012 B020	
43	SET	运算命令	功能	在数据 1 设定数据 2 格式:SET〈数据 1〉〈数据 2〉	
			添加项目	数据 1	B〈变量号〉I〈变量号〉 D〈变量号〉R〈变量号〉 P〈变量号〉S〈变量号〉 BP〈变量号〉EX〈变量号〉
					数据 1 常为常量

(续)

序号	指令	类别	使用方法			
43	SET	运算命令	添加项目	数据2	常量 B〈变量号〉I〈变量号〉 D〈变量号〉R〈变量号〉S〈变量号〉 EXPRESS	
			使用示例	SET I012 I020		
44	SETE	运算命令	功能	设定位置变量的元素数据		
			添加项目	数据1	P变量〈变量号〉(〈元素号〉)、BP变量〈变量号〉(〈元素号〉)、EX变量〈变量号〉(〈元素号〉)	
				数据2	D〈变量号〉、(双精度整数形常量)	
			使用示例	SETE P012 (3) D005		
45	GETE	运算命令	功能	提取位置变量的元素		
			添加项目	D〈变量号〉		
				P变量〈变量号〉(〈元素号〉)、BP变量〈变量号〉(〈元素号〉)、EX变量〈变量号〉(〈元素号〉)		
			使用示例	GETE D006 P012 (4)		
46	GETS	运算命令	功能	设定指定变量的系统变量		
			添加项目	B〈变量号〉、I〈变量号〉、D〈变量号〉、R〈变量号〉、PX〈变量号〉		
				$B〈变量号〉、$I〈变量号〉、$D〈变量号〉、$R〈变量号〉、$PX〈变量号〉、$ERRNO 定数、B〈变量号〉	系统变量	
			使用示例	GETS B000 $B000 GETS I001 $I[1] GETS PX003 $PX001		
47	CNVRT	运算命令	功能	把数据2的位置型变量转换为指定坐标系的位置型变量,存入数据1 格式:CNVRT〈数据1〉〈数据2〉指定坐标系		
			添加项目	数据1	PX〈变量号〉	
				数据2	PX〈变量号〉	
				BF、RF、TF、UF#(〈用户坐标号〉)、MTF	BF:基座轴坐标 RF:机器人轴坐标 TF:工具轴坐标 UF:用户坐标 MTF:主动侧 工具坐标	
			使用示例	CNVRT PX000 PX001 BF		

(续)

序号	指令	类别	使用方法		
48	CLEAR	运算命令	功能	将数据1指定号之后的变量、将数据2指定的个数清除为0 格式:CLEAR〈数据1〉〈数据2〉	
			添加项目	数据1	B〈变量号〉I〈变量号〉 D〈变量号〉R〈变量号〉 $B〈变量号〉 $I〈变量号〉 $D〈变量号〉 $R〈变量号〉	
				数据2	〈个数〉、ALL、STACK	ALL:清除数据1变量以后的所有变量。STACK:清除程序调用堆栈中的所有变量
			使用示例	CLEAR B000 ALL CLEAR STACK	
49	SIN	运算命令	功能	取数据2的SIN,存入数据1 格式:SIN〈数据1〉〈数据2〉	
			添加项目	数据1	R〈变量号〉	数据1为实数型变量
				数据2	〈常量〉、R〈变量号〉	
			使用示例	SIN R000 R001（设定 R000 = sinR001 的命令）	
50	COS	运算命令	功能	取数据2的COS,存入数据1 格式:COS〈数据1〉〈数据2〉	
			添加项目	数据1	R〈变量号〉	数据1为实数型变量
				数据2	〈常量〉、R〈变量号〉	
			使用示例	COS R000 R001（设定 R000 = cosR001 的命令）	
51	ATAN	运算命令	功能	取数据2的ATAN,存入数据1 格式:ATAN〈数据1〉〈数据2〉	
			添加项目	数据1	R〈变量号〉	数据1为实数型变量
				数据2	〈常量〉、R〈变量号〉	
			使用示例	ATAN R000 R001（设定 R000 = tan-1R001 的命令）	
52	SQRT	运算命令	功能	取数据2的SQRT(？),存入数据1 格式:SQRT〈数据1〉〈数据2〉	
			添加项目	数据1	R〈变量号〉	数据1为实数型变量
				数据2	〈常量〉、R〈变量号〉	
			使用示例	SQRT R000 R001（设定 R000 = R001 的命令）	

(续)

序号	指令	类别	使用方法		
53	MFRAME	运算命令	功能	以给出的3个点的位置数据作为定义点,创建用户坐标。〈数据1〉表示定义点 ORG 的位置数据、〈数据2〉表示定义点 XX 的位置数据、〈数据3〉表示定义点 XY 的位置数据 格式:MFRAME 指定用户坐标〈数据1〉〈数据2〉〈数据3〉	
			添加项目	UF#(〈用户坐标号〉)	1~24
				数据1	PX〈变量号〉
				数据2	PX〈变量号〉
				数据3	PX〈变量号〉
			使用示例	MFRAME UF#(1) PX000 PX001 PX002	
54	MULMAT	运算命令	功能	取数据2与数据3的矩阵积,结果存入数据1 格式:MULMAT〈数据1〉〈数据2〉〈数据3〉	
			添加项目	数据1	P〈变量号〉
				数据2	P〈变量号〉
				数据3	P〈变量号〉
			使用示例	MULMAT P000 P001 P002	
55	INVMAT	运算命令	功能	取数据2的逆矩阵,结果存入数据1 格式:INVMAT〈数据1〉〈数据2〉〈数据3〉	
			添加项目	数据1	P〈变量号〉
				数据2	P〈变量号〉
			使用示例	INVMAT P000 P001	
56	SETFILE	运算命令	功能	将任意条件文件内的数据变更为数据1的数值数据 条件文件内的数据用元素号进行指定	
			添加项目	条件文件内的数据	WEV#(条件文件号)(元素号)
				数据1	常量、D、〈变量号〉
			使用示例	SETFILE WEV#(1)(1) D000	
57	GETFILE	运算命令	功能	将任意条件文件内的数据存入数据1 条件文件内的数据用元素号指定	
			添加项目	数据1	D〈变量号〉
				条件文件内数据	WEV#(条件文件号)(元素号)
			使用示例	GETFILE D000 WEV#(1)(1)	
58	GETPOS	运算命令	功能	将数据2(程序点号)位置数据存入数据1	
			添加项目	数据1	PX〈变量号〉
				数据2	STEP#〈变量号〉
			使用示例	GETPOS PX000 STEP#(1)	

（续）

序号	指令	类别	使用方法			
59	VAL	运算命令	功能	把数据2 字符串（ASCII）数值转换为实际数值,存入数据1 格式：VAL 数据1 数据2		
			添加项目	数据1	B〈变量号〉	
					I〈变量号〉	
					D〈变量号〉	
					R〈变量号〉	
				数据2	字符串	
					S〈变量号〉	
			使用示例	VAL B000 "123"		
60	ASC	运算命令	功能	把获取的、数据2 字符串（ASCII）开头字符的代码存入数据1 格式：ASC 数据1 数据2		
			添加项目	数据1	B〈变量号〉	
					I〈变量号〉	
					D〈变量号〉	
				数据2	字符串	
					S〈变量号〉	
			使用示例	ASC B000 "ABC"		
61	CHR $	运算命令	功能	获取数据2、有字符码的字符,存入数据1 格式：CHR $ 数据1 数据2		
			添加项目	数据1	S〈变量号〉	
				数据2	字符串	
					B〈变量号〉	
			使用示例	CHR $ S000 65		
62	MID $	运算命令	功能	从数据2 的字符串（ASCLL）中挑选任意长度（数据3、4）的字符串（ASCLL）,存入数据1 格式：MID $ 数据1 数据2 数据3 数据4		
			添加项目	数据1	S〈变量号〉	
				数据2	字符串	
					B〈变量号〉	
				数据3	常量	
					B〈变量号〉	
					I〈变量号〉	
					D〈变量号〉	
				数据4	常量	
					B〈变量号〉	
					I〈变量号〉	
					D〈变量号〉	
			使用示例	MID $ S000 "123ABC456" 4 3		

（续）

序号	指令	类别	使用方法			
63	LEN	运算命令	功能	获取数据 2 字符串（ASCII）的合计字节数，存入数据 1 格式：LEN 数据 1 数据 2		
			添加项目	数据 1	B〈变量号〉	
					I〈变量号〉	
					D〈变量号〉	
				数据 2	字符串	
					S〈变量号〉	
			使用示例	LEN B000 "ABCDEF"		
64	CAT $	运算命令	功能	统一数据 1、数据 2、数据 3 的字符串（ASCII），存入数据 1 格式：CAT $ 数据 1 数据 2 数据 3		
			条件项目	数据 1	S〈变量号〉	
				数据 2	字符串	
					S〈变量号〉	
				数据 3	字符串	
					S〈变量号〉	
			使用示例	CAT $ S000 "ABC" "DEF"		

附录 B　DX100 I/O 定义、接线图

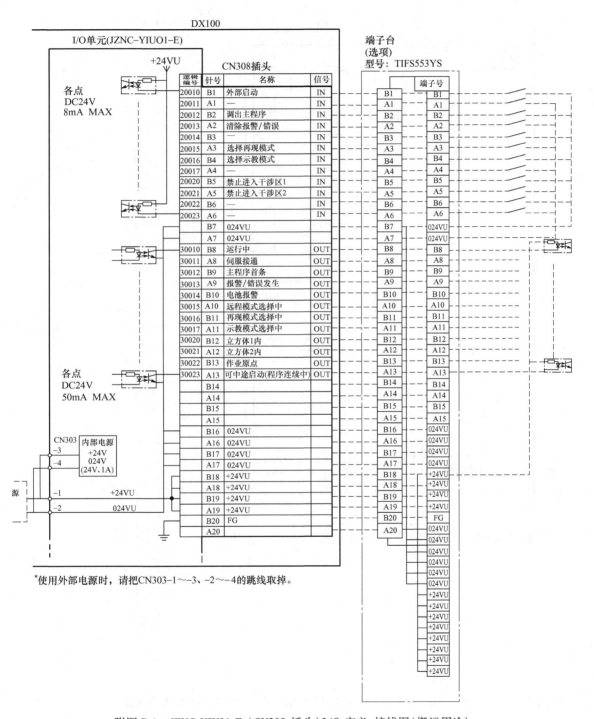

附图 B-1　JZNC-YIU01-E（CN308 插头）I/O 定义、接线图（搬运用途）

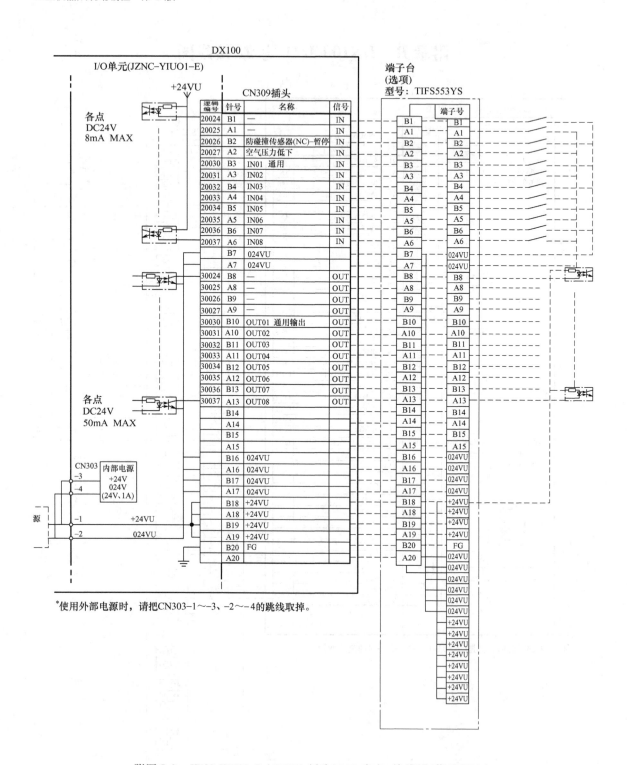

附图 B-2　JZNC-YIU01-E（CN309 插头）I/O 定义、接线图（搬运用途）

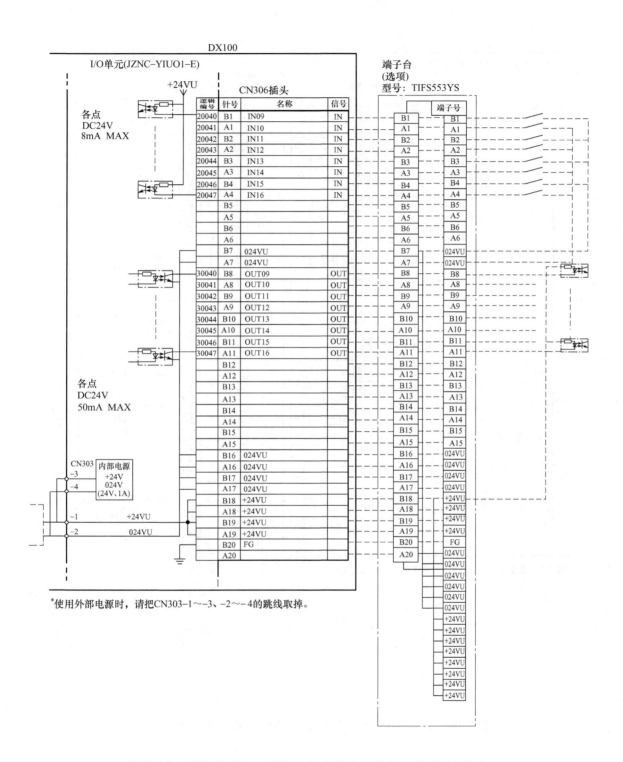

附图 B-3　JZNC-YIU01-E（CN306 插头）I/O 定义、接线图（搬运用途）

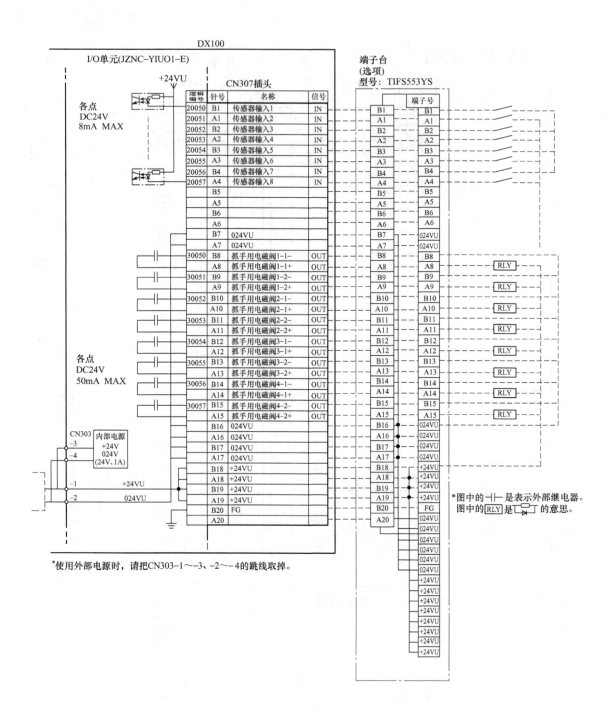

附图 B-4 JZNC-YIU01-E（CN307 插头）I/O 定义、接线图（搬运用途）